DK 621-231:311.1:517.522.3

FORSCHUNGSBERICHTE DES LANDES NORDRHEIN-WESTFALEN

Herausgegeben durch das Kultusministerium

Nr. 804

Prof. Dr.-Ing. Walther Meyer zur Capellen
Dipl.-Ing. Walter Rath

Lehrstuhl für Getriebelehre der Technischen Hochschule
Aachen

Die geschränkte Kurbelschleife
II. Die Harmonische Analyse

Als Manuskript gedruckt

SPRINGER FACHMEDIEN WIESBADEN GMBH 1960

ISBN 978-3-663-19955-7 ISBN 978-3-663-20301-8 (eBook)
DOI 10.1007/978-3-663-20301-8

G l i e d e r u n g

Vorwort

In Fortsetzung der ersten Mitteilung über die Kurbelschleife (Bewegungsverhältnisse, Forschungsbericht 718) bringt die vorliegende II. Mitteilung die Harmonische Analyse der Abtriebs-, der Gleit- sowie der Koppelbewegung und wird dann durch einige Anwendungsbeispiele abgeschlossen. Die Harmonische Analyse ist um so wichtiger, als sie sich zur Synthese von Gelenkgetrieben eignet und für dynamische Untersuchungen von Getrieben unerläßlich ist.

Die Zahlenrechnungen wurden auf der IBM 650 im Institut für praktische Mathematik der Technischen Hochschule Darmstadt (Prof. Dr. A. WALTHER) begonnen und in größerem Umfang auf der Zuse Z22 im Rechenzentrum der Technischen Hochschule Aachen (Prof. Dr. H. CREMER) durchgeführt, und es sei beiden Herren für Ihr Entgegenkommen nochmals herzlich gedankt.

Besonderer Dank gebührt dem Land Nordrhein-Westfalen für die Unterstützung bei der Durchführung der vorliegenden Untersuchungen, die wiederum einen Beitrag zu den kinematischen und dynamischen Verhältnissen in Gelenkgetrieben überhaupt liefern sollen.

Die Verfasser

Einleitung

Für dynamische Betrachtungen und auch für die Bewegungscharakteristik sowie für die Getriebesynthese [3,8] ist die Darstellung der kinematischen Größen durch Fourier-Reihen, d.h. durch die Harmonische Analyse zweckmäßig und notwendig, wie bereits für andere Getriebe entwickelt wurde [I, 5, 6, 8, 10, 12, 17] [1]. Hierbei sind nicht nur die Abtriebsbewegungen selbst, sondern auch die Koppelbewegungen und damit die Koppelkurven von Wichtigkeit (I, 10, 15]. Es wird mit der Gleitbewegung begonnen, da die anderen Bewegungen mit dieser in nahem Zusammenhang stehen.

1. Die Gleitbewegung

1.1 Schwingender Abtrieb

Der in Gl. (31b) der Mitteilung I auftretende Wert $r(\nu) = \sqrt{1+\nu^2+2\nu\cos\alpha}$ wurde in einer früheren Arbeit [I, 6, 2. Teil] bereits harmonisch analysiert, und zwar bei Betrachtung des bezogenen Weges in der Kombination der zentrischen Kurbelschleife vom Parameter $\nu = \lambda$ und der Kreuzschleife, welcher auch der Relativgeschwindigkeit dort entspricht (vgl. hierzu Beispiel 2 aus Abs. 4). Damit - eine Wiederholung erübrigt sich - hat man die folgenden Entwicklungen:

$$s_{rel}/d = z = A_{zo} + \sum_{n=1,2..} A_{zn} \cos n\alpha\,, \tag{1a}$$

$$v_{rel}/d\omega = z' = \sum_{n=1,2,...} B'_{zn} \sin n\alpha\,, \tag{1b}$$

$$b_{rel}/d\omega^2 = z'' = \sum_{n=1,2..} A''_{zn} \cos n\alpha\,, \tag{1c}$$

worin

$$\left.\begin{aligned} A_{zn} &= (-1)^{n+1}\sqrt{\frac{\lambda}{\nu}}\,\frac{1}{n}\,B_{xn}, \quad B'_{zn} = (-1)^n \sqrt{\frac{\lambda}{\nu}}\,B_{xn}, \\ A''_{zn} &= n\,B'_{zn} = (-1)^n \sqrt{\frac{\lambda}{\nu}}\,A_{vn} \end{aligned}\right\} \tag{1d}$$

---

1. Die in der ersten Mitteilung [2] angezogene Literatur wird hier mit der dortigen Ziffer, aber mit vorgesetztem I angegeben

ist. Dabei stellen die B_{xn} gewisse Koeffizienten mit positivem Vorzeichen dar, welche in der zitierten Arbeit entwickelt und graphisch dargestellt wurden und welche mit den Werten B'_{zn} - abgesehen vom Vorzeichen, da dort der Winkel α von der anderen Steglage aus gerechnet wurde - übereinstimmen, wenn $\varepsilon = 0$, also $\nu = \lambda$ wird. Es gilt

$$B_{xn} = (-1)^{n+1} \sqrt{1+\nu^2}\, \frac{n\mu^n}{2^{n-1}} \sum_{k=1,2,3..} \binom{1/2}{n-2+2k} \binom{n-2+2k}{k-1} \frac{\mu^{2(k-1)}}{2^{2(k-1)}}, \qquad (1e)$$

worin $\mu = 2\nu/(1+\nu^2)$ bedeutet. Beachte, daß auch

$$\sqrt{1+\nu^2} \cdot \sqrt{\lambda/\nu} = \sqrt{1+\lambda^2-\varepsilon^2} \text{ ist.}$$

Ferner ist $A_{\nu n} = n\,B_{xn}$, wobei die $A_{\nu n}$ ebenfalls in der zitierten Arbeit dargestellt sind. Somit können die Werte B_{xn} und $A_{\nu n}$ von dort übernommen werden, wenn als Parameter nicht λ sondern ν gewählt wird. Die Ergebnisse sind in den Abbildungen 1a bis 1g [2] dargestellt, und zwar für die ersten sechs Harmonischen [3]. Zur Kontrolle führte Herr Dr.-Ing. H. RANKERS auf der IBM 650 im IPM der Techn. Hochschule Darmstadt (Prof. Dr. A. WALTHER) die harmonische Analyse nach einem 24-Ordinatenschema durch.

Das konstante Glied A_{zn} in der Entwicklung von z ergibt sich unmittelbar beiläufig zu

$$A_{zo} = \frac{1}{2\pi}\int_0^{2\pi} z\, d\alpha = \frac{2}{\pi}\sqrt{(1+\lambda)^2-\varepsilon^2}\, E\left(\alpha, \frac{\pi}{2}\right), \qquad (2)$$

worin E das Legendresche elliptische Integral zweiter Gattung bedeutet und der Winkel α_E aus

$$\cos\alpha_E = \sqrt{\frac{(1-\lambda)^2-\varepsilon^2}{(1+\lambda)^2-\varepsilon^2}} \quad \text{oder} \quad \sin\alpha_E = \frac{2\sqrt{\lambda}}{\sqrt{(1+\lambda)^2-\varepsilon^2}} \qquad (3)$$

folgt.

---

2. Sämtliche Abbildungen befinden sich im Anhang dieses Berichtes
3. Da z auf die Form $z = C\sqrt{1-k^2\sin^2\gamma}$ mit $\gamma = \alpha/2$ gebracht werden kann und der Wurzelausdruck bei der zentrischen Schubkurbel auftritt, hätte auch auf die Analyse für dieses Getriebe an anderer Stelle (Fortsetzung s.S. 8)

Für das Beispiel $\lambda = 0{,}5$ und $\varepsilon = 0{,}3$ ergab sich:

$A_{zo} = 1{,}013$, $A_{z1} = 0{,}512$, $A_{z2} = -0{,}070$, $A_{z3} = 0{,}020$, $A_{z4} = -0{,}007$

$A_{z5} = 0{,}003$, $A_{z6} = -0{,}001$

1.2 Der Grenzfall $\varepsilon = 1-\lambda$

Der Grenzfall $\varepsilon = 1-\lambda$ liefert neben $\varepsilon = 0$ in den Abbildungen 1a bis 1g die weitere Begrenzung. Da dann, wie mehrfach in der ersten Mitteilung [2] benutzt, doch $z = 2\sqrt{\lambda}\cos\frac{\alpha}{2}$ wird, ergibt sich A_{zn} unmittelbar aus $A_{zn}\,\pi = \int_0^{2\pi} z\,d\alpha$ ganz einfach zu

$$A_{zn} = (-1)^{n+1}\,\frac{8\sqrt{\lambda}}{\pi(4n^2-1)}\,, \tag{4}$$

und damit $B'_{zn} = -n\,A_{zn}$, $A''_{zn} = -n^2\,A_{zn}$. Im letzteren Fall konvergiert aber die Fourier-Reihe nicht mehr. Ferner gilt $A_{zo} = \sqrt{\lambda}\cdot 4/\pi$, wie sich auch durch unmittelbare Integration ergibt.

1.3 Umlaufender Abtrieb

Bezieht man, wie in Absatz 2.324 der 1. Mitteilung gezeigt wurde, beim umlaufenden Abtrieb die kinematischen Größen auf a, $a\omega$ und $a\omega^2$, so gelten die Gleichungen für die Koeffizienten auch weiterhin, nur betreffen sie jetzt die überstrichenen Größen $\bar{z}$, $\bar{z}'$, $\bar{z}''$, und es sind zu diesem Zweck die überstrichenen Parameter $\bar{\lambda} = d/a$ und $\bar{\varepsilon} = e/a$ einzuführen, so daß damit auch die Abbildungen 1a bis 1g für das umlaufende Getriebe benutzt werden können.

1.4 Näherungen

Wenn auch die vorstehend gegebenen Formeln die Entwicklung der Koeffizienten angibt, so ist der Einfluß der Parameter λ und ε nicht unmittelbar zu erkennen. Deswegen seien Näherungsformeln für den Fall angegeben, daß von den auftretenden Potenzen $\varepsilon^k\lambda^m$ nur die Glieder einschließlich $m+k > 5$ zu vernachlässigen sind.

[I, 10] zurückgegriffen werden können. Da ferner $z' = -\lambda\sin\alpha\cdot 1/z$ ist, hätte ebenso die Entwicklung von $1/z$ mittels Kugelfunktionen herangezogen werden können

Da $z = \sqrt{1+\lambda^2 - \varepsilon^2 + 2\lambda \cos\alpha} = F(\lambda, \varepsilon)$, d.h. als Funktion von ε und λ angesehen werden kann, wurde die TAYLORsche Entwicklung für zwei Veränderliche benutzt, wonach

$$F(\lambda,\varepsilon) = F(0,0) + \frac{1}{1!}\left(\frac{\partial F}{\partial\lambda} + \frac{\partial F}{\partial\varepsilon}\right) + \frac{1}{2!}\left(\frac{\partial^2 F}{\partial\lambda^2} + 2\frac{\partial^2 F}{\partial\lambda\partial\varepsilon} + \frac{\partial^2 F}{\partial\varepsilon^2}\right) + \dots \tag{5}$$

gilt, wenn die partiellen Ableitungen für $\lambda = 0$ und $\varepsilon = 0$ gebildet werden. Dabei treten gewisse Potenzen von $\cos\alpha$ auf, welche als Fourier-Reihe geschrieben werden können (vgl. a.u.), so daß man schließlich das Folgende erhält:

$$A_{zo} = 1 + \frac{\lambda^2}{4} - \frac{\varepsilon^2}{2} + \frac{\lambda^4}{64} - \frac{\varepsilon^2\lambda^2}{2} - \frac{\varepsilon^4}{8}, \tag{6a}$$

$$A_{z1} = \lambda - \frac{\lambda^3}{8} + \frac{\lambda\varepsilon^2}{2} - \frac{5}{64}\lambda^5 + \frac{3}{16}\lambda^3\varepsilon^2 + \frac{3}{8}\lambda\varepsilon^4, \tag{6b}$$

$$A_{z2} = -\frac{1}{4}\lambda^2 + \frac{1}{16}\lambda^4 + \frac{3}{8}\varepsilon^2\lambda^2, \tag{6c}$$

$$A_{z3} = \frac{1}{8}\lambda^3 + \frac{3}{128}\lambda^5 + \frac{5}{16}\lambda^3\varepsilon^2, \tag{6d}$$

$$A_{z4} = -\frac{5}{64}\lambda^4, \quad A_{z5} = \frac{7}{128}\lambda^5. \tag{6e,f}$$

Bei den Koeffizienten mit geradem Index ist das nächst folgende vernachlässigte Glied von der Ordnung $m+k = 6$, bei ungeradem Index von der Ordnung $m+k = 7$.

Da die Grenzkurve für $\varepsilon = 1-\lambda$ leicht zu ermitteln ist, kann mit den Näherungsformeln schon weitgehend als Unterlage für die graphische Darstellung und für praktische Anwendungen gearbeitet werden. Auch erkennt man, daß die Schränkung ε sich erst für größere ε und λ bemerkbar macht.

Im übrigen läßt sich noch eine andere allgemeine Entwicklung für z geben, wenn man den Einfluß des Parameters ε erkennen will: Es läßt sich doch schreiben

$$z = \sqrt{r^2 - \varepsilon^2} = r\sqrt{1 - \varepsilon^2/r^2}, \tag{7a}$$

und da $\varepsilon/r < 1$ bleibt, sofern der Grenzfall $\varepsilon = 1 - \lambda$ ausgeschlossen wird, so läßt sich die Wurzel in die binomische Reihe entwickeln. Dabei wird noch

$$r = \vartheta \sqrt{1 + \mu_o \cos\alpha} = \vartheta r^* \tag{8a}$$

mit $\vartheta = \sqrt{1+\lambda^2}$ und $\mu_o = 2\lambda/(1+\lambda^2)$ (gleich dem Wert von μ für $\varepsilon = 0$) und $\varepsilon/\vartheta = f$ geschrieben, so daß dann

$$\frac{z}{\sqrt{1+\lambda^2}} = r^* - \binom{\frac{1}{2}}{1} f^2 \cdot \frac{1}{r^*} + \binom{\frac{1}{2}}{2} f^4 \cdot \frac{1}{(r^*)^3} - \cdot + \ldots \tag{7b}$$

wird. Entwickelt man nun jeweils $(r^*)^{-k}$ für $k = 1, -1, -3, \ldots$ in die binomische Reihe, so erhält man die Form

$$z/\vartheta = T_o + T_1 \cos\alpha + T_2 \cos^2\alpha + T_3 \cos^3\alpha + \ldots \tag{8b}$$

worin T_i gewisse, unten zusammengestellte Summen sind. Benutzt man jetzt weiter die binominale Entwicklung von $\cos^m\alpha$, d. h. nach [1]

$$\cos^m\alpha = \frac{1}{2^m}\binom{m}{p} + \frac{1}{2^{m-1}} \sum_{k=0}^{k=p-1} \binom{m}{k} \cos(m-2k)\alpha, \quad m = 2p, \tag{9a}$$

$$\cos^m\alpha = \frac{1}{2^{m-1}} \sum_{k=0}^{k=p} \binom{m}{k} \cos(m-2k)\alpha, \quad m=2p+1 \tag{9b}$$

$m = 2, 3, \ldots,$ so gewinnt man die Koeffizienten in der folgenden Form

$$A_{zo} = \vartheta \sum_{m=0,2,4\ldots} \frac{1}{2^m} \binom{m}{m/2} T_m, \tag{10a}$$

$$A_{zn} = \vartheta \sum_{m=n,n+2,n+4,\ldots} \frac{1}{2^{n-1}} \binom{m}{(m-n)/2} T_m \; ; \; n = 1,2,3, \ldots, \tag{10b}$$

worin

$$T_m = \mu_o^{\,m} \sum_{k=0,1,2,\ldots} (-1)^k \binom{1/2}{k}\binom{1/2 - k}{m} f^k, \tag{11a}$$

insbesondere

$$T_o = \sqrt{1 - \varepsilon^2/\vartheta^{\,2}} = \sqrt{1 + \lambda^2 - \varepsilon^2} \Big/ \sqrt{1 + \lambda^2} \tag{11b}$$

ist. Diese Formeln gelten, sofern $\varepsilon < 1 - \lambda$ ist.

2. Die Winkelbewegung

2.1 Schwingender Abtrieb

2.11 Der Abtriebswinkel β

Der Abtriebswinkel β_z kann nach der I. Mitteilung als Summe des Abtriebswinkels β_z der zentrischen Schleife und der Überlagerung ψ dargestellt werden. Die Analyse des Winkels β_z ist bekannt [I, 5, 6], so daß hier nur noch die Analyse der Überlagerung ψ zu betrachten ist.

Nach Gl. (1) der Mitteilung I gilt $\sin\psi = \varepsilon/r$ oder auch

$$\psi = \arc\sin \frac{\varepsilon}{r} \tag{12a}$$

oder wenn man die arc-sin-Reihe entwickelt, auch

$$\psi = \frac{\varepsilon}{r} - \frac{1}{3}\binom{-1/2}{1}\frac{\varepsilon^3}{r^3} + \frac{1}{5}\binom{-1/2}{2}\frac{\varepsilon^5}{r^5} - \ldots + \ldots \tag{12b}$$

Wird dann weiter r, r^{-3}, r^{-5} in die Potenzreihe entwickelt unter Beachtung von $r = \vartheta \cdot r^*$ (vgl. Gl. (8a)), so erhält man ähnlich wie in Abs. 1.4 unter Benutzung der Fourier-Entwicklung für $\cos^m\alpha$ die folgende Darstellung des Winkels ψ:

$$\psi = A_{\psi o} + A_{\psi 1} \cos\alpha + A_{\psi 2} \cos 2\alpha + \ldots, \tag{13}$$

$$A_{\psi o} = \sum_{m=0,2,4,\ldots} \frac{1}{2^m}\binom{m}{m/2} P_m, \tag{14a}$$

$$A_{\psi n} = \sum_{m=0,1,2,....} \frac{1}{2^{m-1}} \binom{2m+n}{n} P_{2m+n} \; ; \; m = 1,2,3, \, .. \, , \tag{14b}$$

worin

$$P_m = \mu_o^{\,m} \sum_{k=0,1,2,...} (-1)^k \binom{-1/2}{k} \binom{-(2k+1)/2}{m} \frac{1}{2k+1} \; f^{2k+1} \tag{14c}$$

wird, insbesondere auch

$P_o = \text{arc sin} \frac{\varepsilon}{\vartheta}$, d.h. gleich dem Winkel ψ für $\alpha = \pi/2$ bzw. $3\pi/2$ ist.
Ferner gilt auch

$$P_1 = - \frac{\mu_o}{2} \cdot \text{tg}\, P_o = - \frac{\varepsilon \lambda}{\sqrt{1 + \lambda^2 - \varepsilon^2} \sqrt{1 + \lambda^2}} \; .$$

Hierbei sind μ_o und ϑ in Gl. (8) angegeben.

Damit kann aber die Fourier-Reihe für den Abtriebswinkel hingeschrieben werden. Es gilt

$$\beta = A_{\beta o} + \sum_{n=1,2,...} A_{\beta n} \cos n\alpha + \sum_{n=1,2,...} B_{\beta n} \sin n\alpha \tag{15}$$

und es ist

$$A_{\beta o} = A_{\psi o} \; (\text{Gl. } (14a)), \; A_{\beta n} = A_{\psi n} \; (\text{Gl. } (14b)), \tag{16a}$$

aber nach [I, 5, 6]

$$B_{\beta n} = (-1)^{n+1} \lambda^n / n. \tag{16b}$$

Es besteht also die Entwicklung aus derjenigen für die zentrische Kurbelschleife, welche im Winkel nur sinus-Glieder liefert, vermehrt um die Entwicklung der Überlagerung ψ, welche nur cos-Glieder und das absolute Glied liefert. Da bei der Kurbelschwinge der Abtriebswinkel β in gleicher Weise als Überlagerung des Winkels einer zugeordneten Kurbelschleife und einer zusätzlichen Bewegung dargestellt werden kann [3, 4], haben wir es hier mit einem allgemeinen Sachverhalt bei Kurbelschwingen und im Fall des umlaufenden Abtriebs bei Doppelkurbeln zu tun.

Das Übersetzungsverhältnis i folgt dann zu

$$\omega_3/\omega = i = d\beta/d\alpha = \sum_{n=1,2,} B_{\omega n} \sin n\alpha + \sum_{n=1,2,\dots} A_{\omega n} \cos n\alpha \qquad (17a)$$

und die bezogene Winkelbeschleunigung zu

$$\varepsilon_3/\omega_2^2 = i' = \sum_{n=1,2,\dots} A_{\varepsilon n} \sin n\alpha + \sum_{n=1,2,\dots} B_{\varepsilon n} \cos n\alpha , \qquad (17b)$$

wobei

$$B_{\omega n} = -n\, A_{\beta n}, \quad A_{\varepsilon n} = -n^2 A_{\beta n},$$

$$A_{\omega n} = +n\, B_{\beta n} = (-1)^{n+1} \lambda^n , \quad B_{\varepsilon n} = (-1)^n\, n\, \lambda^n \qquad (17c)$$

zu setzen sind.

Da die "zentrischen" Koeffizienten bereits an anderer Stelle dargestellt sind, auch ein einfaches Bildungsgesetz haben, sei ihr Verlauf über λ nicht noch einmal wiedergegeben, sondern nur der Verlauf der zusätzlichen Koeffizienten in den Abbildungen 2a bis 2g. Auch hier wurde die harmonische Analyse nach einem 24-Ordinatenschema (Verfahren von RUNGE) mit Hilfe eines Digitalrechners durch den zweiten Verfasser kontrolliert, und zwar auf der Zuse Z 22 im Rechenzentrum der Techn. Hochschule Aachen (Prof. Dr. H. CREMER).

Für das Beispiel $\lambda = 0,5$ und $\varepsilon = 0,3$ ergab sich:

$A_{\beta o} = 0,332$, $A_{\beta 1} = -0,180$ $B_{\beta 1} = 0,5$, $A_{\beta 2} = 0,072$ $B_{\beta 2} = -0,125$,

$A_{\beta 3} = -0,032$ $B_{\beta 3} = 0,042$, $A_{\beta 4} = 0,015$ $B_{\beta 4} = -0,016$, $A_{\beta 5} = -0,006$

$B_{\beta 5} = 0,006$, $A_{\beta 6} = 0,003$, $B_{\beta 6} = -0,003$.

2.12 Weitere Möglichkeiten

Das zusätzliche Übersetzungsverhältnis i_ψ folgt doch gemäß Gl. (12a) zu

$$\frac{d\psi}{d\alpha} = i_\psi = \frac{\varepsilon \lambda \sin\alpha}{r^2 z} = \frac{\varepsilon}{r^2} w , \qquad (18)$$

wenn vorübergehend $w = \dfrac{\lambda \sin\alpha}{z}$ eingeführt wird.

a) Rekursionsformel

Nun ist doch, wie leicht nachzuprüfen ist, $\int w d\alpha = -z$, also nach Gl.(1a)

$$w = -z' = A_{z1} \sin\alpha + 2 A_{z2} \sin 2\alpha + 3 A_{z3} \sin 3\alpha + \dots \qquad (18a)$$

$$= \sum B^{*}_{zn} \sin n\alpha$$

$n = 1,2,3\dots$

wenn $B^{*}_{zn} = n A_{zn} = -B'_{zn}$ ist.

Schreibt man nun Gl. (18) in der Form

$$i_{\psi} r^2 = \varepsilon w, \qquad (18b)$$

setzt für i_{ψ} die Fourier-Reihe ein, d.h.

$$i_{\psi} = \sum_{n=1,2,3,\dots} B_{\omega n} \sin n\alpha,$$

ebenso die Reihe für w nach Gl. (18b), so folgt unter Beachtung der goniometrischen Formel

$$2 \sin n\alpha \cos\alpha = \sin(n+1)\alpha + \sin(n-1)\alpha$$

durch Vergleich beider Seiten das folgende Gleichungssystem, in welchem vorübergehend die $B_{\omega n} = x_n$ und die $\varepsilon B^{*}_{zn} = a_n$ gesetzt sind:

$$
\begin{aligned}
(1+\lambda^2)\, x_1 + \lambda x_2 &= a_1, \\
\lambda x_1 + (1+\lambda^2)\, x_2 + \lambda x_3 &= a_2, \\
\lambda x_2 + (1+\lambda^2)\, x_3 + \lambda x_4 &= a_3, \\
\dots\dots\dots \quad \dots\dots\dots & \\
\lambda x_{k-1} + (1+\lambda^2)\, x_k + \lambda x_{k+1} &= a_k,
\end{aligned}
$$

$x_o = 0$. Kennt man hiernach z.B. $x_1 = B_{\omega 1}$, so können auf Grund dieser Rekursionsformeln die weiteren x_2, x_3, ... errechnet werden. Beachtet man ferner, daß $A_{\beta n} = - B_{\omega n}/n$ ist, so hat man unter Einführung der bereits in Abs. 1. berechneten A_z-Werte die folgenden Rekursionsformeln zur Berechnung der $A_{\beta n}$:

$$A_{\beta 2} = -\frac{A_{z1} + (1+\lambda^2)\, A_{\beta 1}}{2\,\lambda},$$

$$A_{\beta 3} = -\frac{2\, A_{z2} + \lambda\, A_{\beta 1} + 2(1+\lambda^2)\, A_{\beta 2}}{3\,\lambda} \tag{18c}$$

$$A_{\beta 4} = -\frac{3\, A_{z3} + 2\lambda\, A_{\beta 2} + 3(1+\lambda^2)\, A_{\beta 3}}{4\,\lambda}$$

usw. Hierbei ist vorausgesetzt, daß $A_{\beta 1}$ oder $B_{\omega 1}$ bereits bekannt ist, z.B. gemäß der Entwicklung in Gl. (16a) berechnet wurde.

Der Wert $A_{\beta o} = A_{\psi o}$ ist mit diesen Rekursionsformeln nicht zu ermitteln.

b) Numerisch-instrumentelle Methoden:

Würde man den Wert i_ψ über α auftragen, und die so erhaltenen Kurven mit einem Analysator analysieren, so ließen sich die Koeffizienten $B_{\omega n}$ leicht ermitteln, während der Wert $A_{\psi o}$ - wenn überhaupt erwünscht - durch Ausplanimetrieren der Kurven $\psi = \psi\ (\alpha)$ für die verschiedenen möglichen Parameter gewonnen werden könnte. Auch ließen sich diese Kurven analysieren, nur werden hierbei die höheren Harmonischen nicht so genau herauskommen, wie bei der Analyse von i_ψ. Die Abbildungen 3a bis 3d zeigen einige Kurven für β und i.

2.2 Der Grenzfall $\varepsilon = 1-\lambda$

Für die zentrische Schleife verschwinden sämtliche zusätzlichen Koeffizienten, so daß dadurch die eine Begrenzung in den Abbildungen gegeben ist. Die andere folgt aus dem Grenzfall $\varepsilon = 1-\lambda$. Wenn auch zwar die Reihen für die Koeffizienten $A_{\beta o}$ und $A_{\beta n}$ noch konvergieren, so lassen sich aber doch geschlossene Ausdrücke für die Koeffizienten angeben - außer für $A_{\beta o}$.

Die Ableitung

$$d\psi / d\alpha = i_\psi = \frac{\varepsilon\,\lambda\, \sin\alpha}{z\, r^2}$$

vereinfacht sich für $\varepsilon = 1-\lambda$ auf

$$i_\psi = \frac{(1-\lambda)\sqrt{\lambda}\ k \sin\frac{\alpha}{2}}{1 + \lambda^2 + 2\lambda\cos\alpha}, \tag{19}$$ [4]

4. k = Vorzeichen von $\sin\frac{\alpha}{2}$

und dann lassen sich die Integrale $B_{\omega n}\,\pi = \int_0^{2} i_\psi \sin n\alpha \, d\alpha$ nach einigen Rechnungen auswerten. So ergibt sich z.B. für n = 1 und n = 2:

$$B_{\omega 1} = \frac{2(1-\lambda)}{\pi\sqrt{\lambda}}\left[\frac{1+\lambda}{\sqrt{\lambda}}\ln\frac{1+\sqrt{\lambda}}{1-\sqrt{\lambda}} - 1\right], \tag{19a}$$

$$B_{\omega 2} = \frac{4(1-\lambda)}{\pi\sqrt{\lambda}}\left[\frac{2}{3} + \frac{1+\lambda^2}{2\sqrt{\lambda}}\left(1 - \frac{1+\sqrt{\lambda}}{2\sqrt{\lambda}}\ln\frac{1+\sqrt{\lambda}}{1-\sqrt{\lambda}}\right)\right]. \tag{19b}$$

Zur Kontrolle der Konstanten $A_{\beta o}$ wurde der Winkel ψ für einige Wertepaare λ, ε über α aufgetragen und mit dem Planimeter die mittlere Höhe und damit $A_{\beta o}$ ermittelt, ebenso für einige beliebige Wertepaare wie auch für den Grenzfall einige Kurven i_ψ aufgetragen und mit dem Harmonischen Analysator Mader-Ott analysiert. Hierbei genügt es an sich, die Funktion $\sin\alpha/(z\,r^2) = i_\psi/\varepsilon\lambda$ bzw. im Grenzfall $k \sin\frac{\alpha}{2}\cdot(1/r^2) = i_\psi/(1-\lambda)\sqrt{\lambda}$ zu analysieren, da die konstanten Faktoren bei der Auswertung der instrumentellen Analyse berücksichtigt werden können.

Für die Schaubilder (Abb. 2a bis 2g) ist noch zu beachten - wie auch aus den Gl. (19a u. b) durch Grenzübergang hervorgeht - daß die Koeffizienten für $\lambda = 0$, für $\varepsilon = 0$ und für $\lambda = 1$ außer für $A_{\beta o}$ verschwinden (vgl. a. Abs. 2.4).

2.3 Umlaufender Abtrieb

Der Wert i_ψ aus Gl. (18) kann wie leicht zu erkennen ist (Kürzung durch λ^3) auch $\bar{i}_\psi$ geschrieben werden, wenn die überstrichenen Größen $\bar{\lambda}$, $\bar{\varepsilon}$ und $\bar{z}$ eingeführt werden, d.h. es ist $i_\psi(\lambda,\varepsilon) = \bar{i}_\psi(\bar{\lambda},\bar{\varepsilon})$, mit anderen Worten: Die von der Überlagerung her stammenden Koeffizienten, d.h. $A_{\beta o}$, $A_{\beta n}$, $B_{\omega n}$, $A_{\varepsilon n}$ bleiben bestehen, wenn dort die überstrichenen Parameter $\bar{\lambda} = 1/\lambda$, $\bar{\varepsilon} = \varepsilon/\lambda$ eingesetzt werden.

Nur treten gewisse Änderungen in i_z, d.h. im Anteil der zentrischen Schleife auf. Es gilt doch nach Gl. (5c) I. Mitteilung oder [I, 5, 6]

$$i_z = \frac{\lambda(\cos\alpha + \lambda)}{1+\lambda^2+2\lambda\cos\alpha} = \frac{1+\bar{\lambda}\cos\alpha}{1+\bar{\lambda}^2+2\bar{\lambda}\cos\alpha}$$

$$= 1 - \frac{\bar{\lambda}(\cos\alpha+\bar{\lambda})}{1+\bar{\lambda}^2+2\bar{\lambda}\cos\alpha} = 1 - \bar{i}_z(\bar{\lambda}). \tag{21}$$

Sonach folgt für den Anteil von i_z die Entwicklung

$$i_z = 1 + \sum_{n=1,2,\dots} (-\bar{\lambda})^n \cos n\alpha \,, \tag{22}$$

und damit tritt in der Entwicklung von $i = d\beta / d\alpha$ das konstante Glied $\bar{A}_{\omega o} = 1$ auf. Es gilt jetzt

$$\bar{A}_{\omega o} = 1, \quad \bar{A}_{\omega n} = (-\bar{\lambda})^n, \quad \bar{B}_{\varepsilon n} = (-1)^{n+1} n \bar{\lambda}^n,$$

$\bar{B}_{\beta n} = (-\bar{\lambda})^n/n$ und ferner

$$\beta = \alpha + \bar{A}_{\beta o} + \sum_{n=1,2,\dots} \bar{A}_{\beta n} \cos n\alpha + \sum_{n=1,2,\dots} \bar{B}_{\beta n} \sin n\alpha. \tag{23}$$

Da sich bei umlaufendem Abtrieb (vgl. Mittg. I) über den Winkel α eine periodisch schwingende Bewegung überlagert, stellt $\beta - \alpha$ nach Gl. (23) die Analyse dieser schwingenden Bewegung dar.

2.4 Näherungen

Für die praktischen Anwendungen, d.h. für Parameterpaare ε, λ, welche weit von den Grenzfällen entfernt sind, lassen sich Näherungswerte angeben, und zwar folgt aus den Gl. (14), wenn in den Ausdrücken $\varepsilon^k \lambda^m$ nur die Exponenten $k+m = 6$ noch beachtet, also Exponenten $k+m > 7$ vernachlässigt werden, als Näherung

$$A_{\beta o} = f + \frac{1}{6} f^3 + \frac{3}{40} f^5 + \frac{3}{16} f \mu_o^2 + \frac{5}{32} f^3 \mu_o^2 + \frac{105}{1024} f \mu_o^4 \,,$$

$$A_{\beta 1} = -\left(\frac{1}{2} f \mu_o + \frac{1}{4} f^3 \mu_o + \frac{3}{16} f^5 \mu_o + \frac{15}{64} f \mu_o^3 + \frac{35}{128} f^3 \mu_o^3 + \frac{315}{2048} f \mu_o^5\right),$$

$$A_{\beta 2} = \frac{3}{16} f \mu_o^2 + \frac{5}{32} f^3 \mu_o^2 + \frac{35}{256} f \mu_o^4 \,,$$

$$A_{\beta 3} = -\left(\frac{5}{64} f \mu_o^3 + \frac{35}{384} f^3 \mu_o^3 - \frac{63}{4096} f \mu_o^5\right),$$

$$A_{\beta 4} = \frac{35}{1024} f \mu_o^4 \qquad A_{\beta 5} = -\frac{63}{4096} f \mu_o^5 \,,$$

wobei - wiederholt bemerkt - $\vartheta = 1 + \lambda^2$, $\mu_o = 2\lambda / (1 + \lambda^2)$ und $f = \frac{\varepsilon}{\vartheta}$ gesetzt ist.

2.5 Nochmals die Extrema

Für sehr kleine Werte λ, derart, daß $\lambda^2 \approx 0$ gesetzt werden kann, also auch $\mu_o \approx 2\lambda$ und $\vartheta \approx 1$, wird P_o = arc sin ε oder mit $P_o = \psi_o$ auch $\varepsilon = \sin \psi_o$ und ferner $P_1 = -\frac{\mu_o}{2}$ tg $P_o = -\lambda$ tg ψ_o. Alle anderen P_m verschwinden. Somit hat man $A_{\beta o} = P_o = \psi_o$ und $A_1 = P_1 = -\lambda$ tg ψ_o, $B_{\beta 1} = \lambda$. Dann gilt genähert

$$\beta = \psi_o - \lambda \text{ tg } \psi_o \cos\alpha + \lambda \sin\alpha = \psi_o + \lambda \frac{\sin(\alpha - \psi_o)}{\cos \psi_o} . \tag{24}$$

Hiernach wird $\beta'' = -\lambda \frac{\sin(\alpha - \psi_o)}{\cos \psi_o} = 0$ für $\alpha = \psi_o$ bzw. $\alpha = \pi + \psi_o$. Damit sind die Grenzwerte der Winkel α^* der Extrema von i (I. Mitteilung) für $\lambda = 0$ bestimmt. In gleicher Weise wird $\beta''' = 0$ für $\cos(\alpha - \psi_o) = 0$, d.h. $\alpha = \pi/2 + \psi_o$ bzw. $\alpha = 3\pi/2 + \psi_o$, d.h. damit sind die Grenzwerte der Winkel α^{**} der Extrema von i' (I. Mitteilung) für $\lambda = 0$ bestimmt.

Führt man beiläufig in Gl. (25) $\lambda = a/d$ ein und schreibt $(\beta - \psi_o)d = a \frac{\sin(\alpha - \psi_o)}{\cos \psi_o}$ und läßt jetzt d nach unendlich gehen, so wird aus der linken Seite eine Verschiebung von der auf der rechten Seite angegebenen Größe, und das ist wiederum die Verschiebung der schiefen Kreuzschleife, welche ja für $\lambda = 0$ entsteht (vgl. Mittg. I. Abs. 2.12 d).

3. Die Koppelkurven

3.1 Zerlegung der Koppelkurve

Legt man durch den Punkt A, Abbildung 4, ein u-v-System, dessen u-Achse der Geraden g parallel verläuft und dessen v-Achse von A nach S weist, so hat ein Koppelpunkt K die Koordinaten

$$x = a \cos\alpha + u \cos\beta - v \sin\beta = a \cos\alpha + u\xi - v\eta , \tag{25a}$$

$$y = a \sin\alpha + u \sin\beta + v \cos\beta = a \sin\alpha + u\eta + v\xi , \tag{25b}$$

$$\text{mit} \quad \cos\beta = \xi \text{ und } \sin\beta = \eta \tag{25c}$$

als Abkürzung. Setzt man für ξ und η die Reihen

$$\xi = A_{\xi o} + \sum_{n=1,2,\dots} (A_{\xi n} \cos n\alpha + B_{\xi n} \sin n\alpha), \tag{25d}$$

$$\eta = A_{\eta o} + \sum_{n=1,2,} (A_{\eta n} \cos n\alpha + B_{\eta n} \sin n\alpha) \tag{25e}$$

an, so ergibt sich für die harmonische Analyse der Komponenten für die "zweidimensionale Fourier-Analyse" [I, 10, 15],

$$x = A_{xo} + \sum_{n=1,2,\dots} (A_{xn} \cos n\alpha + B_{xn} \sin n\alpha), \tag{26a}$$

worin

$$A_{xo} = u\,A_{\xi o} - v\,A_{\eta o}\,; \quad A_{x1} = a + u\,A_{\xi 1} - v\,A_{\eta 1};$$

$$A_{xn} = u\,A_{\xi n} - v\,A_{\eta n}\,; \qquad n = 2, 3, \dots \tag{26b}$$

$$B_{xn} = u\,B_{\xi n} - v\,B_{\eta n}; \qquad n = 1, 2, \dots$$

Ferner

$$y = A_{yo} + \sum_{n=1,2,\dots} (A_{yn} \cos n\alpha + B_{yn} \sin n\alpha), \tag{27a}$$

worin

$$A_{yo} = u\,A_{\eta o} + v\,A_{\xi o}\,; \quad A_{yn} = u\,A_{\eta n} + v\,A_{\xi n}, \; n = 1,2,..$$

$$\tag{27b}$$

$$B_{y1} = a + u\,B_{\eta 1} + v\,B_{\xi 1}\,; \quad B_{yn} = u\,B_{\eta n} + v\,B_{\xi n}, \; n=2,3,\dots$$

An früheren Stellen (I, 10, 11, 15) wurde die u-Achse vom Punkt A zum Punkt B gezogen. Das hätte hier bedeutet, da $B \to \infty$ gewandert ist, daß die u-Achse durch AS zu legen wäre - dann hätte allerdings auch der Winkel β zwischen Steg und der Senkrechten zu g durch B_o gemessen werden müssen.

3.2 Schwingender Abtrieb

Die vorstehenden Koeffizienten können angegeben werden, wenn die Analyse der Komponenten $\xi = \cos\beta$ und $\eta = \sin\beta$ durchgeführt ist.

3.21 Analyse von $\eta = \sin\beta$

Nach Gl. (Va) der I. Mitteilung gilt

$$\eta = \sin\beta = \frac{z\lambda \sin\alpha}{r^2} + \frac{\varepsilon(1 + \lambda \cos\alpha)}{r^2} = \eta_1 + \eta_2 \tag{28}$$

Der Teil η_1 liefert nur die sin-Koeffizienten, d.h. die $B_{\eta n}$, während der zweite Teil η_2 das konstante Glied $A_{\eta o}$ und die cos-Koeffizienten $A_{\eta n}$ liefert.

Aus dem nochmals in Gl. (21) angegebenen Wert i_z der zugeordneten Kurbelschleife läßt sich leicht nachweisen, daß

$$\frac{1+\lambda\cos\alpha}{r^2} = \frac{1+\lambda\ \cos\alpha}{1+\lambda^2+2\lambda\cos\alpha} = 1 - i_z \tag{29}$$

ist. Da die Fourier-Entwicklung von i_z bekannt ist (vgl. o.), gilt somit

$$\eta_2 = \varepsilon\,(1 - i_z) = \varepsilon\,(1 - \lambda\ \cos\alpha + \lambda^2\cos 2\alpha - \lambda^3\cos 3\alpha\ +.-..), \tag{30a}$$

so daß ganz einfach

$$A_{\eta o} = \varepsilon \quad \text{und} \quad A_{\eta n} = \varepsilon\,(-\lambda)^n \tag{30b}$$

wird.

Zur Entwicklung von η_1 schreiben wir

$$\eta_1 = \sqrt{r^2-\varepsilon^2}\cdot\frac{\lambda\sin\alpha}{r^2} = \frac{\lambda\ \sin\alpha}{r}\sqrt{1-(\varepsilon/r)^2}\ . \tag{31}$$

Dann folgt aus der binomischen Entwicklung der Wurzel - ohne Einschluß der Verzweigungslage zunächst -

$$\frac{1}{r}\sqrt{1-(\varepsilon^2/r^2)} = \frac{1}{r} - \binom{1/2}{1}\frac{\varepsilon^2}{r^3} + \binom{1/2}{2}\frac{\varepsilon^4}{r^5} - .. + ... \tag{32}$$

Da weiterhin

$$\int\frac{\lambda\ \sin\alpha}{r^{2k+1}}\,d\alpha = \frac{1}{2k-1}\,\frac{1}{r^{2k-1}}\ ,\quad k = 0,\ 1,\ 2,\ ...$$

ist, folgt noch mit $r = \vartheta\, r^*$ wie oben in Gl. (8), schließlich die Entwicklung

$$\int\eta_1\,d\alpha = \vartheta\sum_{n=0,1,2,...}(-1)^k\binom{1/2}{k}\frac{1}{2k-1}\,f^{2k}\,\frac{1}{r^{*\,(2k-1)}}\,. \tag{33}$$

Werden dann weiter die einzelnen Potenzen von r^* wieder wie oben binomisch entwickelt, so folgt

$$\int\eta_1\,d\alpha = Q_o + Q_1\cos\alpha + Q_2\cos^2\alpha + Q_3\cos^3\alpha + \dots\ , \tag{34}$$

wobei die Q_i gewisse, unten angegebene Summen darstellen. Der Wert Q_o interessiert nicht, da ja bei Differentiation von Gl. (34) die Ableitung von Q_o fortfällt.

Unter Verwendung der binomischen Entwicklung von $\cos^n\alpha$ ergeben sich dann für die Koeffizienten des Integrals, d.h. für $\int \eta_1 \, d\alpha = A_o + \sum_{n=1,2..} A_n \cos n\alpha$ die Werte A_n und daraus durch Differentiation die gesuchte Entwicklung, d.h.

$$\eta_1 = \sum_{n=1,2,...} B_{\eta n} \sin n\alpha , \tag{35a}$$

mit

$$B_{\eta n} = - n \sum_{m=n,n+2,...} \frac{1}{2^m - 1} \binom{m}{(m-n)/2} Q_m, \tag{35b}$$

worin

$$Q_m = \vartheta \mu_o^m \sum_{k=0,1,2...} (-1)^k \frac{1}{2k-1} \binom{1/2}{k} \binom{-(2k-1)/2}{m} f^{2k} \tag{35c}$$

für m = 0,1,2, ... bedeutet.

Durch Gl. (30b) und (35b,c) sind dann die Fourier-Koeffizienten für die Komponente $\eta = \sin\beta$ festgelegt.

In den Abbildungen (5a) bis(5f), (6a) bis (6f) und (7) sind die Fourierkoeffizienten von $\eta = \sin\beta$ dargestellt. Auch diese Werte wurden mit einem Digitalrechner gewonnen (vgl. S. 8).

Eine brauchbare Näherung für die Koeffizienten $B_{\eta n}$ ergibt sich aus den folgenden Gleichungen, wobei in $\varepsilon^p \mu_o^{\;q}$ die Summe der Exponenten $p+q \leq 7$ angenommen ist, d.h. höhere Potenzen sind vernachlässigt. Hierbei wurde zur Abkürzung außer $\mu_o = 2\lambda/(1+\lambda^2)$, $\vartheta = \sqrt{1+\lambda^2}$ und $f = \varepsilon/\vartheta$ noch

$$h = \mu_o/2 = \lambda/(1+\lambda^2) \tag{36}$$

eingeführt.

$$B_{\eta 1} = \vartheta \Big[h(1 - \tfrac{1}{2} f^2 - \tfrac{1}{8} f^4 - \tfrac{1}{16} f^6) +$$

$$+ \tfrac{3}{4} h^3 (1 - \tfrac{5}{4} f^3 - \tfrac{35}{16} f^4) +$$

$$+ \tfrac{5}{32} h^5 (\tfrac{7}{8} - \tfrac{63}{32} f^2) \Big] , \qquad (37a)$$

$$B_{\eta 2} = -\vartheta \Big[h^2 (1 - \tfrac{3}{4} f^2 - \tfrac{5}{8} f^4) + h^4 (\tfrac{5}{8} - \tfrac{35}{16} f^2) + \tfrac{315}{256} f^6) \Big] , \qquad (37b)$$

$$B_{\eta 3} = \tfrac{3}{4} \vartheta \Big[h^3 (1 - \tfrac{5}{4} f^2 - \tfrac{35}{16} f^4) + \tfrac{3}{4} h^5 (\tfrac{7}{8} - \tfrac{63}{32} f^2) \Big] , \qquad (37c)$$

$$B_{\eta 4} = -\vartheta \Big[\tfrac{1}{2} h^4 (\tfrac{5}{8} - \tfrac{35}{16} f^2) + \tfrac{63}{64} h^6 \Big] , \qquad (37d)$$

$$B_{15} = \tfrac{5}{16} \vartheta \Big[h^5 (\tfrac{7}{8} - \tfrac{63}{32} f^2) \Big] , \qquad (37e)$$

$$B_{\eta 6} = - \tfrac{63}{256} \vartheta h^6 , \quad B_{\eta 7} = \tfrac{231}{1024} \vartheta h^7 \; . \qquad (37f)$$

3.22 Analyse von $\xi = \cos\beta$

Nach Gl. (10b) der I. Mitteilung gilt

$$\xi = \cos\beta = \frac{z\,(1+\lambda \cos\alpha)}{r^2} - \frac{\varepsilon \lambda \sin\alpha}{r^2} = \xi_1 + \xi_2 \; . \qquad (38)$$

Der erste Teil liefert nur das konstante Glied $A_{\xi o}$ und die cos-Koeffizienten $A_{\xi n}$, während der zweite Teil nur die sinus-Koeffizienten bringt. Da nach dem Wert von i_z aus Gl. (21) doch, wie leicht nachzuprüfen ist,

$$1/r^2 = \frac{1}{1-\lambda^2} (1 - 2_{iz}) \qquad (39)$$

gilt, kann die Reihe von i_z eingesetzt und mit $\lambda \varepsilon \sin\alpha$ multipliziert werden. Dann ergibt sich [5] recht einfach

$$\xi_2 = \sum_{n=1,2,\dots} B_{\xi n} \sin n\alpha \qquad (40a)$$

mit $B_{\xi n} = A_{\eta n} = \varepsilon\, (-\lambda)^n$. (40b)

---

5. Da $\int \xi_2 \, d\alpha = \varepsilon \frac{1}{2} \ln r^2 = \varepsilon \ln r$ ist, konnte unmittelbar die für ln r an früherer Stelle [I, 5] gegebene Reihe hingeschrieben und durch Differentiieren nach α daraus die Entwicklung für ξ_2 gewonnen werden

Der Teil ξ_1 läßt sich aber wiederum nur durch eine Reihenentwicklung darstellen, und zwar unter Rückgriff auf die Koeffizienten der Gleitstrecke z : Es war nach Gl. (29) $(1+\lambda \cos\alpha)/r^2 = 1 - i_z$, also ist

$$\xi_1 = z\,(1 - i_z), \tag{41}$$

und setzt man hierin die Entwicklung von i_z (vgl, a. Gl. (30a)) und die von z (Gl. (1a)) ein, so erhält man durch Multiplikation der Reihen die gesuchte Fourier-Reihe für ξ_1. Es ergibt sich

$$\xi_1 = A_{\xi o} + \sum_{n=1,2,\dots} A_{\xi n} \cos n\alpha, \tag{42a}$$

worin

$$A_{\xi o} = A_{zo} + \frac{1}{2} \sum_{k=1,2,..} (-\lambda)^k A_{zk}, \tag{42b}$$

$$A_{\xi n} = \left[A_{zn} \mp \lambda^n A_{zo}\right] - \frac{\lambda}{2} \left[A_{z(n+1)} \mp \lambda^n A_{z1}\right] +$$
$$+ \frac{\lambda^2}{2} \left[A_{z(n+2)} \mp \lambda^n A_{z2}\right] - . + \dots \tag{42c}$$

ist und wobei die oberen Vorzeichen für ungerade, die unteren für gerade Koeffizienten gelten.

Ein anderer Weg, um die Koeffizienten $A_{\xi n}$ zu berechnen, wird unten angegeben.

3.23 Beziehungen zwischen den Koeffizienten

Schreibt man Gl. (38) für ξ in der Form

$$(1 + \lambda^2 + 2\lambda \cos\alpha)\,\xi - z(1 + \lambda \cos\alpha) + \varepsilon\lambda\sin\alpha = 0 \tag{43}$$

so liefert die Integration von 0 bis 2π die Beziehung

$$2\,(1 + \lambda^2)\, A_{\xi o} + 2\lambda\, A_{\xi 1} - 2\, A_{zo} - \lambda\, A_{z1} = 0 \tag{I}$$

und die Multiplikation mit $\cos m\alpha$ sowie nachfolgende Integration im gleichen Intervall

$$2(1+\lambda^2)\,A_{\xi m} + 2\lambda\left[A_{\xi(m+1)} + A_{\xi(m-1)}\right] - 2\,A_{zm} -$$
$$- \lambda\,\left[A_{z(m+1)} + A_{z(m-1)}\right] = 0 \qquad \text{(II)}$$

für m = 1,2, ...

Schreibt man in gleicher Weise die Gl. (28) für η in der Form

$$(1+\lambda^2+2\lambda\cos\alpha)\,\eta - \lambda\, z \sin\alpha - \varepsilon\,(1+\lambda\cos\alpha) = 0, \qquad (44)$$

so liefert die Multiplikation mit sin $m\alpha$ und nachfolgende Integration von 0 bis 2π die Beziehung

$$2(1+\lambda^2)\,B_{\eta m} + 2\lambda\left[B_{\eta(m+1)} + B_{\eta(m-1)}\right] +$$
$$+ \lambda\,\left[A_{z(m+1)} - A_{z(m-1)}\right] = 0, \qquad \text{(III)}$$

m = 1,2 ... Die Gln. I und III können zur Kontrolle der $B_{\eta n}$ und $A_{\xi n}$ herangezogen werden.

Ferner liest man aus Abbildung 4 die bereits früher benutzten Gleichungen

$$d \sin\beta = a \sin(\alpha-\beta) + e \quad \text{und} \quad d\cos\beta + a\cos(\alpha-\beta) = z$$

ab. Entwickelt man diese goniometrisch und führt die Parameter $\lambda, \varepsilon, \xi, \eta$ ein, so gilt auch

$$\eta - \lambda\xi \sin\alpha + \lambda\,\eta \cos\alpha - \varepsilon = 0, \qquad (45a)$$

$$\xi + \lambda\xi \cos\alpha + \lambda\,\eta \sin\alpha - z = 0. \qquad (45b)$$

Multipliziert man Gl. (46a) mit sin $m\alpha$ und integriert über die ganze Periode wie oben, so folgt

$$2\,B_{\eta m} + \lambda\left[B_{\eta(m+1)} + B_{\eta(m-1)}\right] + \lambda\left[A_{\xi(m+1)} - A_{\xi(m-1)}\right] = 0, \qquad \text{(IV)}$$

m = 1,2, ..., während die Integration von Gl. (45b) über die Periode auf

$$2\,A_{\xi o} + \lambda\,A_{\xi 1} + B_{\eta 1} - 2A_{zo} = 0 \qquad \text{(V)}$$

führt. Schließlich liefert die Multiplikation der Gl. (45b) mit cos $m\alpha$ bei gleicher Integration die Gleichung

$$2 A_{\xi m} + \lambda \left[A_{\xi(m+1)} + A_{\xi(m-1)} \right] + \lambda \left[B_{\eta(m+1)} - B_{\eta(m-1)} \right] - 2A_{zm} = 0, \qquad \text{(VI)}$$

$m = 1, 2, \ldots$

All diese Gleichungen können z.T. zur Kontrolle, z.T. auch zur tatsächlichen Berechnung gewisser Koeffizienten dienen. So lassen sich z.B. aus den Gl. (I) und (V) die Werte von $A_{\xi o}$ und $A_{\xi 1}$ berechnen, wenn man die Koeffizienten A_{zo}, A_{z1} und $B_{\eta 1}$ als bekannt vorausgesetzt:

$$A_{\xi o} = \frac{1}{1-\lambda^2} \left[A_{zo} - \frac{\lambda}{2} (A_{z1} + B_{\eta 1}) \right], \qquad (46a)$$

$$A_{\xi 1} = \frac{1}{1-\lambda^2} (A_{z1} - 2A_{zo} + \lambda^2 B_{\eta 1}) = A_{z1} - 2\lambda A_{\xi o}. \qquad (46b)$$

Hat man nunmehr $A_{\xi o}$ und $A_{\xi 1}$ - aus Gl. (46) oder Gl. (42c, d) - gewonnen, so lassen sich die weiteren Koeffizienten aus den Rekursionsformeln nach Gl. (II) ermitteln - vorausgesetzt, daß eben die Koeffizienten A_{zn} bekannt sind. Hinsichtlich der graphischen Darstellung vgl. die Abbildungen 6a bis 6f, 8a bis 8g und das Nomogramm 7. Auch diese Werte wurden wesentlich mit einem Digitalrechner gewonnen (vgl. S. 8).

3.24 Die zentrische Schleife

Die zentrische Schleife, welche ja in den genannten Abbildungen die Begrenzungskurven für $\varepsilon = 0$ liefert, bringt zunächst die Anteile ξ_2 und η_2 zum Verschwinden, d.h. es wird $A_{\eta o} = 0$. Ferner gilt, da ja $z = r$ wird, nach Gl. (28) einfach

$$\eta = \sin\beta = \frac{\lambda \sin\alpha}{r} = \sin\beta_z. \qquad (47)$$

Da aber $dz/d\alpha = z' = -\lambda \sin\alpha/r$ wird, stimmt Gl. (47) bis auf das Vorzeichen mit Gl. (1b) überein, wenn dort $\varepsilon = 0$, d.h. $\nu = \lambda$ und $\mu = \mu_o$ gesetzt wird. Dann hat man einfach $B_{\eta n} = (-1)^{n+1} \cdot B_{xn}$, d.h. es ist $B_{\eta n}$ gleich dem Wert von B_{xn} aus Gl. (1e), wenn der Faktor $(-1)^{n+1}$ fortgelassen wird, $\nu = \lambda$ und $\mu = \mu_o$ gesetzt wird. Die Werte liegen also bereits vor.

Der Koeffizient $A_{\xi o}$ läßt sich mit Hilfe elliptischer Integrale geschlossen lösen: Es ist

$$2\pi A_{\xi o} = \int_0^{2\pi} \frac{1+\lambda \cos\alpha}{r} d\alpha \text{ oder, wenn } \alpha/2 = \varphi,\ d\alpha = 2\, d\varphi \text{ gesetzt wird,}$$

auch

$$2\pi\, A_{\xi o} = 2 \int_0^{\pi} \frac{1+\lambda - 2\lambda \sin^2\varphi}{(1+\lambda)\,\Delta}\, d\varphi \text{ mit } \Delta^2 = 1 - k^2\sin^2\varphi \quad \text{und}$$

$k^2 = \frac{4\lambda}{(1+\lambda)^2}$. Setzt man dann $\sin^2\varphi = (1 - \Delta^2)/k^2$ ein, beachtet, daß auch von $\varphi = 0$ bis $\varphi = \pi/2$ integriert werden kann unter Verdoppelung des Integrals, so erhält man

$$2\pi\, A_{\xi o} = 4 \int_0^{\pi/2} \left(\frac{1-\lambda}{2\Delta} + (1+\lambda)\frac{\Delta}{2} \right) d\varphi$$

und damit schließlich

$$A_{\xi o} = \frac{1}{\pi}\Big[(1-\lambda)\, F + (1+\lambda)\, E\Big], \tag{48}$$

worin $F = F\,(\alpha_E, \frac{\pi}{2})$ und $E = E\,(\alpha_E, \frac{\pi}{2})$ die Legendreschen elliptischen Integrale 1. und 2. Gattung darstellen, und (vgl. Gl. (3))durch $\cos\alpha_E = \frac{1-\lambda}{1+\lambda}$ bestimmt sind.

Nach Gl. (2) gilt weiter - mit $\varepsilon = 0$ -

$$A_{zo} = \frac{2}{\pi}\,(1+\lambda)\, E\,, \tag{49}$$

und beachtet man Gl. (V), so ergibt sich danach die einfache Beziehung

$$A_{\xi 1} + B_{\eta 1} = \frac{2}{\lambda\,\pi}\Big[(1+\lambda)\, E - (1-\lambda)\, F\Big], \tag{50}$$

welche auch unmittelbar durch Integration von $\xi \cos\alpha + \eta \sin\alpha = \frac{\lambda + \cos\alpha}{r}$ hätte gefunden werden können.

Zur Ermittlung weiterer Koeffizienten $A_{\xi n}$ können dann die Rekursionsformeln z.B. benutzt werden.

Ohne Schwierigkeiten können aber auch die Koeffizienten $A_{\xi n}$, um den Einfluß des Parameters λ zu erkennen, durch Reihen dargestellt werden: Schreibt man

$$\xi = \cos\beta = \frac{1+\lambda\cos\alpha}{r} = \frac{1+\lambda\cos\alpha}{\sqrt{1+\lambda^2}} \cdot \frac{1}{r^*}$$

und entwickelt $1/r^* = 1/\sqrt{1+\mu_o \cos\alpha}$ in die binomische Reihe und multipliziert diese Reihe gliedweise mit $(1+\lambda\cos\alpha)$, so erhält man eine Folge von der Form

$$\xi = \frac{1}{\vartheta}\,(1 + R_1 \cos\alpha + R_2 \cos^2\alpha + R_3 \cos^3\alpha + \ldots)\ ,$$

und die Fourier-Entwicklung von $\cos^m\alpha$ führt dann schließlich auf die ähnlich wie in Gl. (10) gebildeten Koeffizienten

$$A_{\xi o} = \frac{1}{\vartheta} \sum_{m=0,1,2,\ldots} \frac{1}{2^m} \binom{m}{m/2} R_m\ , \tag{51}$$

$$A_{\xi n} = \frac{1}{\vartheta} \sum_{m=n,n+2,} \frac{1}{2^{m-1}} \binom{m}{(m-n)/2} R_m\ , \tag{52}$$

worin die R_m folgendermaßen gebildet sind:

$$R_o = 1,\ R_m = \lambda\ \mu_o^{\ m-1} \binom{-1/2}{m-1}\left(1 - \frac{2m-1}{m(1+\lambda^2)}\right) =$$

$$= -\frac{\lambda\ \mu_o^{\ m-1}}{1+\lambda^2} \binom{-1/2}{m-1}\left(1-\lambda^2 - \frac{1}{m}\right). \tag{53}$$

So wird z.B. $R_1 = \lambda^3/(1+\lambda^2)$ und $R_2 = \dfrac{\lambda\ \mu_o(1-2\lambda^2)}{4(1+\lambda^2)}$

3.3 Der Grenzfall $\varepsilon = 1-\lambda$

Da jetzt $z = 2\sqrt{\lambda}\ \cos\frac{\alpha}{2}$ wird, lassen sich für die Koeffizienten durch unmittelbare Integration geschlossene, wenn auch längere Ausdrücke angeben - welche wie wiederholt bemerkt, nur dazu dienen, die Grenzkurven in den Abbildungen zu gewinnen. So ergibt sich z.B.

$$B_{\eta 1} = \frac{8}{\pi\sqrt{\lambda}} \left[\frac{1}{3} + \frac{(1-\lambda)^2}{4\lambda} - \frac{(1-\lambda)^2(1+\lambda)}{8\lambda\sqrt{\lambda}}\ \ln\frac{1+\sqrt{\lambda}}{1-\sqrt{\lambda}}\right], \tag{54}$$

$$B_{\eta 2} = \frac{16}{\pi\sqrt{\lambda}}\left[-\frac{2}{5} - \frac{7}{5}\,\delta^2 - 2\delta^4 + \frac{1-\delta^2\ (3-\delta^2)}{d}\ln\frac{1+\sqrt{\lambda}}{1-\sqrt{\lambda}}\right], \tag{55}$$

wo für $\lambda = 0$ die Werte Null, für $\lambda = 1$ aber die unten angegebenen Werte durch Grenzübergang folgen. Dabei war zur Abkürzung $\delta^2 = (1+\lambda)^2/4\lambda$ gesetzt worden. Ferner wird

$$A_{\xi o} = \frac{1}{\pi}\left[2\sqrt{\lambda} + (1-\lambda)\ \ln \frac{1+\sqrt{\lambda}}{1-\sqrt{\lambda}}\right]. \tag{56}$$

Da A_{zo} für den Grenzfall bekannt ist, vgl. Abs. 1.2, so können auch die Rekursionsformeln zur Berechnung der weiteren $A_{\xi n}$ und $B_{\eta n}$ benutzt werden.

Die Koeffizienten $A_{\eta n}$ und $B_{\xi n}$ ändern sich nicht, nur ist $\varepsilon = 1-\lambda$ zu setzen, d.h. es werden dann die Grenzwerte erhalten.

Für $\varepsilon = 0$, d.h. für die zentrische Schleife, und damit für $\lambda = 1$ wird durch einfache Integration unmittelbar, da $\eta = \eta_1 = k \sin\frac{\alpha}{2}$ mit k als Vorzeichen von $\cos\frac{\alpha}{2}$ und $\xi = \xi_1 = \left|\cos\frac{\alpha}{2}\right|$ folgt, zu

$$A_{\xi o} = 2/\pi\ ,\quad A_{\xi n} = \frac{(-1)^{n+1}\cdot 4}{\pi(4n^2-1)}\ ,\quad B_{\eta n} = \frac{(-1)^{n+1}\cdot 8n}{\pi(4n^2-1)} \tag{57}$$

erhalten.

3.4 Die umlaufende Schleife

Die Entwicklung der Komponenten $\xi = \cos\beta$ und $\eta = \sin\beta$ für die umlaufende Schleife kann wieder auf die Werte einer zugeordneten schwingenden Schleife zurückgeführt werden: Kürzt man in den Gln. (28) und (38) die Brüche in η und ξ durch λ^2, so schreibt sich mit $1/\lambda = \bar{\lambda}$ und $\varepsilon/\lambda = \bar{\varepsilon}$ zunächst - wenn die überstrichenen Werte $\bar{\eta}$ und $\bar{\xi}$ sich auf die umlaufende Schleife beziehen sollen:

$$\bar{\eta} = \frac{1}{\bar{\lambda}}\,\frac{\bar{z}\,\bar{\lambda}\sin\alpha}{\bar{r}^2} + \frac{\bar{\varepsilon}\,(\bar{\lambda}+\cos\alpha)}{\bar{r}^2}. \tag{58}$$

Damit ist $\bar{B}_{\eta n} = B(\bar{\lambda}, \bar{\varepsilon})/\bar{\lambda}$,
d.h. man hat die gefundenen Werte $B_{\eta n}$ für $\bar{\lambda}$ und $\bar{\varepsilon}$ zu bilden und durch $\bar{\lambda}$ zu dividieren.

Da ferner

$$\frac{\bar{\lambda} + \cos\alpha}{\bar{r}^2} = \frac{1}{\bar{\lambda}}\, i_z\ (\bar{\lambda}) = \cos\alpha - \bar{\lambda}\cos 2\alpha + \bar{\lambda}^2 \cos 3\alpha \ -+ \ .. \tag{59}$$

geschrieben werden kann, ist hier

$$\bar{A}_{\eta o} = 0 \text{ und } \bar{A}_{\eta n} = \bar{\varepsilon}\,(-\bar{\lambda})^{n-1}, \tag{60}$$

d.h. auch das $1/\bar{\lambda}$ -fache der Werte $A_{\eta n}\,(\bar{\varepsilon}, \bar{\lambda})$.

Ebenso ist jetzt nach Gl. (38)

$$\bar{\xi} = \frac{\bar{z}\,(\bar{\lambda} + \cos\alpha)}{\bar{r}^2} - \frac{1}{\bar{\lambda}}\,\frac{\bar{\varepsilon}\bar{\lambda}\sin\alpha}{\bar{r}^2}, \tag{61}$$

d.h. es gilt - umgekehrt wie vordem -

$$\bar{B}_{\xi n} = - \bar{A}_{\eta n}\,. \tag{62}$$

Da aber jetzt $\bar{\xi}_1$ die Form $\bar{\xi}_1 = \frac{1}{\bar{\lambda}}\,\bar{z}\; i_z(\bar{\lambda})$ hat, könnte durch Ausmultiplikation der Reihen für $\bar{z}$ und $i_z(\bar{\lambda})$ wie oben der Aufbau der Zahlen $\bar{A}_{\xi n}$ gefunden werden. Benutzt man jedoch die bereits oben gefundenen Werte von $A_{\xi n}(\bar{\lambda},\bar{\varepsilon})$, so gilt auch mit den Werten der Entwicklung z:

$$\bar{A}_{\xi n} = \left[\bar{A}_z - A_{\xi n}\,(\bar{\lambda},\bar{\varepsilon})\right]/\bar{\lambda}\,. \tag{63}$$

Da die Rekursionsformeln in gleicher Weise gelten, können auch diese herangezogen werden, vgl. die Abbildungen 6a bis 6f, 9a bis 9f, 10a bis 10g und das Nomogramm 7. Auch diese Werte wurden, soweit sie sich nicht auf einfache Weise aus bekannten Werten errechnen ließen, mit einem Digitalrechner gewonnen (vgl. S. 8). Die vorhergehenden Seiten zeigen, daß zwar die harmonische Analyse der Abtriebs- und der Koppelbewegung möglich ist, daß sich jedoch langwierige Ausdrücke für die Koeffizienten ergeben und daß im Einzelfall die Dichte der Abbildungen nicht ausreicht. Für die Kurbelschwinge oder für die Doppelkurbel [6] wäre die rechnerische Bestimmung noch lästiger - wenn auch dabei [I, 15] und [3, 4] die zentrische Kurbelschleife zugrundegelegt werden kann - und so wird der Bau von Geräten, mit denen Vier- und Mehrgelenkketten hinsichtlich Abtriebs- und Koppelbewegungen analysiert werden können [7], besonders angenehm empfunden. Aber es war dennoch notwendig gundsätzlich die Analyse rechnerisch durchzuführen.

3.5 Beispiel einer Koppelkurve

In Abbildung 11 ist die Koppelkurve des Punktes K der Koppel dargestellt und sind bei den vorgegebenen Maßverhältnissen die Koeffizienten für ξ und η ermittelt worden;

6. abgesehen von den gleichschenkligen Getrieben [4]

für d = 8 cm; λ = 0,5; ε = 0,3; u = 4 cm und v = 3 cm ergab sich:

$A_{\eta o} = 0,300$; $A_{\eta 1} = -0,150$; $A_{\eta 2} = 0,075$; $A_{\eta 3} = -0,038$;

$B_{\eta 1} = 0,458$; $B_{\eta 2} = -0,097$; $B_{\eta 3} = 0,030$;

$A_{\xi o} = 0,875$; $A_{\xi 1} = 0,096$; $A_{\xi 2} = 0,015$; $A_{\xi 3} = -0,006$;

$B_{\xi 1} = -0,150$; $B_{\xi 2} = 0,075$; $B_{\xi 3} = -0,038$.

Die den einzelnen Harmonischen entsprechenden Vektoren sind dort eingetragen und liefern mit ausreichender Genauigkeit den Koppelpunkt. Vgl.a. [I, 10] und [I, 15].

3.6 Der Flächeninhalt

Es sei noch darauf hingewiesen, daß sich der Flächeninhalt der Koppelkurven [I, 10], wie allgemein nachgewiesen [3], mit Hilfe der ersten Fourier-Koeffizienten $B_{\xi 1}$ für ξ und η ausdrücken läßt. So gilt hier für die vom Koppelpunkt K, Abbildung 4 oder 11, beschriebene Koppelkurve bei schwingendem Abtrieb

$$F = -\left[a^2\pi + a\,u\,(B_{\eta 1} + A_{\xi 1}) + a\,v(B_{\xi 1} - A_{\eta 1})\right]$$

$$= -\quad a^2\pi + a\,u(B_{\eta 1} + A_{\xi 1}) \quad , \tag{64}$$

da gemäß Gl. (40b) $B_{\xi 1} = A_{\eta 1}$ ist.

Beim umlaufenden Antrieb kommt noch das Glied $-(u^2 + v^2)$ hinzu, und es wird aber $\bar{B}_{\xi 1} - \bar{A}_{\eta 1} = 2\,\bar{\varepsilon} = 2\,e/a$ nach Gl. (60) und (62), also

$$F = -\left[a^2\pi + (u^2 + v^2)\pi + a\,u(B_{\eta 1} + A_{\xi 1}) - 2\,e\,v\right] . \tag{65}$$

Da bei der zentrischen Kurbelschleife die Koeffizientensumme $A_{\xi 1} + B_{\eta 1}$ durch elliptische Integrale ausgedrückt werden kann (Gl. (50)), so wird hierdurch bestätigt, daß auch der Flächeninhalt durch elliptische Integrale ausgedrückt wird [I, 10].

4. Anwendungsbeispiele

4.1 Der Zahnstangenkurbeltrieb

4.11 Maße

Bei dem an anderer Stelle [1] hinsichtlich Aufbau und Bewegungsverhältnissen ausführlich behandelten Zahnstangenkurbeltrieb ist mit der Koppelebene 2 einer geschränkten Kurbelschleife, vgl. Abbildung 12, eine Zahnstange z verbunden, welche mit dem um den Punkt B_o drehbaren Zahnrad 4 vom Radius R kämmt und diesem dadurch eine Winkeldrehung φ aufzwingt.

Hat der Kurbelendpunkt A von der Teillinie der Zahnstange z den Abstand p, so besteht zwischen e, p und R die Beziehung

$$e = R + p \quad \text{oder} \quad R = e - p \tag{65}$$

für den exzentrischen und

$$e = R \tag{66}$$

für den zentrischen Zahnstangenkurbeltrieb.

4.12 Übersetzungsverhältnis

Wird der gerade über dem Drehpunkt B_o gelegene Gleitpunkt der Geraden SB_o mit G bezeichnet, so folgt für die Umfangsgeschwindigkeit $\mathfrak{v}_Q$ des Rades 4 nach dem Satz von EULER

$$\mathfrak{v}_Q = \mathfrak{v}_G + \mathfrak{v}_{QG} , \tag{67a}$$

oder da nach (I)

$$v_Q = - v_{rel} = - d\, w\, z'(\alpha) \, , \quad v_{QG} = (-)\, R\, w\, \beta'\, (\alpha) \tag{67b}$$

sowie $\omega_4 = v_Q/R$ ist, schließlich für das Übersetzungverhältnis i_{41} zwischen Glied 1 und Glied 4 mit $\omega = \omega_1$

$$i_{41} = \frac{\omega_4}{\omega_1} = - \frac{d}{R}\frac{dz}{d\alpha} - \frac{d\beta}{d\alpha} \tag{68}$$

oder mit der Abkürzung

$$\mu = \frac{d}{R} = \frac{d}{R-p} = \frac{1}{\varepsilon - p/d} \tag{69}$$

auch mit $i_\psi = d\psi/d\alpha$ (I,Gl. (5d)) und $i_z = d\beta_z/d\alpha$ (I, Gl. (5c))

$$i_{41} = -\mu\, z'(\alpha) - (i_\psi + i_z). \tag{70}$$

4.13 Die Analyse

Setzt man nun hierin die Entwicklungen für z bzw. $z'(\alpha)$ aus Gl. (16), für $i_\psi = d\psi/\,d\alpha$ aus Gl.(13) und für $i_z = d\,\beta_z/d\alpha$ (Gln. 16b, 30a und [I, 5, 6]) ein, so bleibt schließlich die Fourier-Entwicklung

$$i_{41} = \sum_{n=1,2,..} (B_{in} \sin n\alpha + A_{in} \cos n\alpha), \qquad (71)$$

worin

$$B_{in} = \mu\, n\, A_{zn} - B_{\omega n}, \text{ d.h.}$$

$$B_{in} = n(\mu A_{zn} + A_{\beta n}) \text{ und } A_{in} = (-\lambda)^n \qquad (72)$$

für n = 1, 2 ... bedeuten. Damit sind aber die Koeffizienten auf die der oben behandelten Gleit- und Winkelbewegung zurückgeführt.

Im Fall des zentrischen Zahnstangenkurbeltriebes hat man nur die Vereinfachung $\mu = 1/\varepsilon = d/e = d/R$, während für die zentrische Kurbelschleife als Grundgetriebe $\mu = - d/p$ wird; vgl. a. [8].

Die Koeffizienten für den Winkel φ (außer $A_{\varphi o}$) und für die bezogene Winkelbeschleunigung $di_{41}/d\alpha$ sind hieraus leicht zu finden.

Bei den Maßen $\lambda = 0,3$, $\varepsilon = 0,2$, $p = 0$, $\mu = 1/\varepsilon = 5$, wie sie dem an anderer Stelle [1] behandelten Getriebe entsprechen, ergaben sich unter Benutzung der Abbildungen 1a bis 1g die folgenden Werte für die Koeffizienten $A_{\varphi n}$, $B_{\varphi n}$ und der Gesamtamplituden $C_{\varphi n} = \sqrt{A^2_{\varphi n} + B^2_{\varphi n}}$ für n = 1, 2, ...

n		$A_{\varphi n}$		$B_{\varphi n}$	$C_{\varphi n}$
1	+	1,45149	-	0,3	1,4822
2	-	0,10278	+	0,045	0,1123
3	+	0,01459	-	0,009	0,01715
4	-	0,00258	+	0,00203	0,00329
5	+	0,00051	-	0,00049	0,00071
6	+	0,00003	+	0,00012	0,00013

n		B_{in}		A_{in}	C_{in}
1	-	1,45149	-	0,3	1,4822
2	+	0,20556	+	0,09	0,2246
3	-	0,04376	-	0,027	0,05145
4	+	0,01034	+	0,00812	0,01316
5	-	0,00256	-	0,00243	0,00355
6	-	0,00015	+	0,00073	0,00078

n		A'_{in}		B'_{in}	C'_{in}
1	-	1,45149	+	0,3	1,4822
2	+	0,41112	-	0,18	0,4492
3	-	0,13128	+	0,081	0,15435
4	+	0,04136	-	0,03248	0,05264
5	-	0,01280	+	0,01215	0,01775
6	-	0,00090	-	0,00438	0,00468

Das "Spektrum" zeigt Abbildung 13, und es ergibt sich gute Übereinstimmung mit den durch Analyse des Bewegungsgesetzes mit dem Harmonischen Analysator MADER-OTT gewonnenen Ergebnissen in der zitierten Arbeit [1].

Bei umlaufendem Abtrieb in der Kurbelschleife errechnen sich die Koeffizienten entsprechend.

4.2 Kopplung von geschränkter Kurbelschleife und Kreuzschleife

In einer früheren Arbeit [I, 6, 2. Teil] wurde die Kopplung einer zentrischen Kurbelschleife mit einer Kreuzschleife in Hinblick auf bekannte praktische Anwendung behandelt. Es liegt nahe, kurz auf den Ersatz der zentrischen durch die geschränkte Kurbelschleife einzugehen, vgl. Abbildung 14.

Bezeichnet man die Strecke $\overline{CJ}$ mit L, so gilt für den von der Mittellinie m-m aus gerechneten Weg x des Schubgliedes 5

$$x = L \sin\beta - e \cos\beta = L\eta - e\xi , \qquad (73)$$

worin $\eta = \sin\beta$ und $\xi = \cos\beta$ aus den Gln. (28) und (38) einzusetzen sind.

Benutzt man die Reihen für ξ und η gemäß Abs. 3.21 und Abs. 3.22, so ergibt sich für die Harmonische Analyse des bezogenen Weges $x^* = x/L$ die Entwicklung

$$x^* = x/L = A_o + \sum_{n=1,2\ \dots} (A_n^* \cos n\alpha + B_n^* \sin n\alpha), \qquad (74)$$

worin unter Benutzung der Koeffizienten für ξ und η die Koeffizienten dieser Entwicklung folgendermaßen gebildet sind:

$$A_o = \varepsilon\,(1 - \tfrac{d}{L} A_{\xi o}), \quad A_n^+ = \varepsilon \left[(-\lambda)^n - \tfrac{d}{L} A_{\xi n}\right], \qquad (75a)$$

$$B_n^* = B_{\eta n} - \varepsilon^2 \tfrac{d}{L} (-\lambda)^n, \qquad n = 1,2,\ \dots \qquad (75b)$$

Da für kleine ε die Koeffizienten $A_{\xi n}$ und $B_{\eta n}$ sich gegenüber den Werten für die zentrische Schleife ($\varepsilon = 0$) nur wenig ändern, bleiben die Gln. (75a) als Näherungen bestehen, wenn man die Werte $A_{\xi n}$ für $\varepsilon = 0$ einsetzt, doch gilt $B_n^* \approx B_{\eta n}$ für $\varepsilon \approx 0$. Die Koeffizienten der cos-Glieder sind dann ε proportional.

Prof. Dr.-Ing. Walther MEYER ZUR CAPELLEN
Dipl.-Ing. Walter RATH

Literaturverzeichnis

[1] MEYER ZUR CAPELLEN, W. — Der einfache Zahnstangenkurbeltrieb und das entsprechende Bandgetriebe Werkstatt und Betrieb Bd. 89 (1956) S. 67 bis 74

[2] ders. — Die geschränkte Kurbelschleife I. Die Bewegungsverhältnisse Forschungsberichte des Landes Nordrhein-Westfalen Nr. 781 (1959)

[3] ders. — Harmonische Analyse bei Kurbeltrieben I. Allgemeine Zusammenhänge Forschungsberichte des Landes Nordrhein-Westfalen Nr. 676 (1959)

[4] ders. und E. LENK — Harmonische Analyse bei Kurbeltrieben II. Gleichschenklige Getriebe Forschungsberichte des Landes Nordrhein-Westfalen Nr. 803 (1960)

[5] MEWES, E. — Formeln für die Massenkräfte und kinematische Zusammenhänge bei geschränkten Schubkurbeltrieben Ing.Arch. 24, (1956) H.5, S. 291 bis 298

[6] ders. — Zusammenhang zwischen Kolbenweg und Kurbelwinkel bei Kurbelschleifen Z. angew. Math. und Mech. 38 (1958) H. 9/10

[7] LENK, E. — Mechanische und elektrische Rechengeräte zur Fourieranalyse an Gelenkgetrieben Forschungsberichte des Landes Nordrhein-Westfalen. Erscheint demnächst

[8] RANKERS, H. — Angenäherte Getriebe-Synthese durch harmonische Analyse der vorgegebenen periodischen Bewegungsverhältnisse Dissertation TH Aachen (1959)

[9] MEYER ZUR CAPELLEN, W. Die Fourierreihe für den Schleifenwinkel der zentrischen Kurbelschleife und verwandte Fourierreihen
Buletinul Institutului Politehnic Din Iasi, Serie noua, Tomul V (IX), Fasc. 1-2, 1959, S. 311

A n h a n g

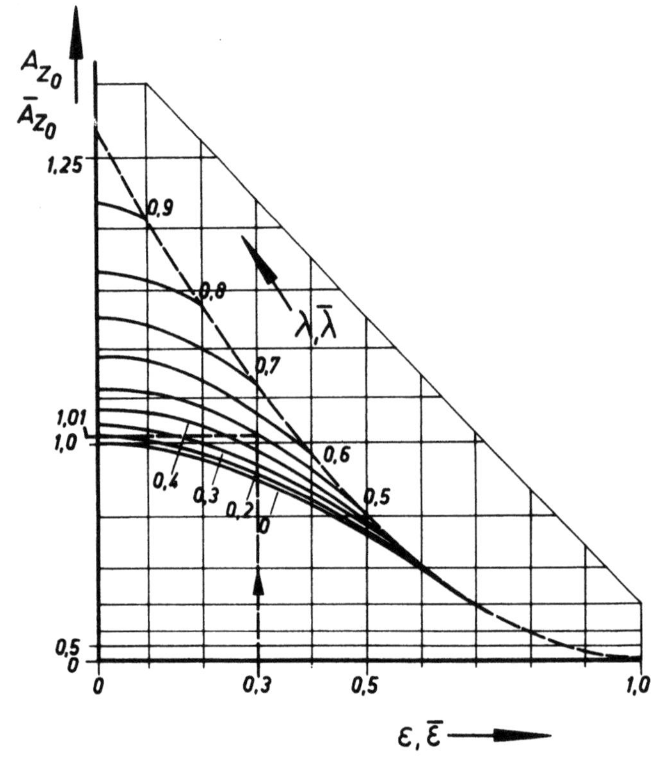

A b b i l d u n g 1a

Gleitbewegung, Fourierkoeffizienten A_{zo}; $\bar{A}_{zo}$

Beispiel: $\lambda, (\bar{\lambda}) = 0{,}5$ und $\varepsilon, (\bar{\varepsilon}) = 0{,}3$ liefert $A_{zo}, (\bar{A}_{zo}) = 1{,}01$

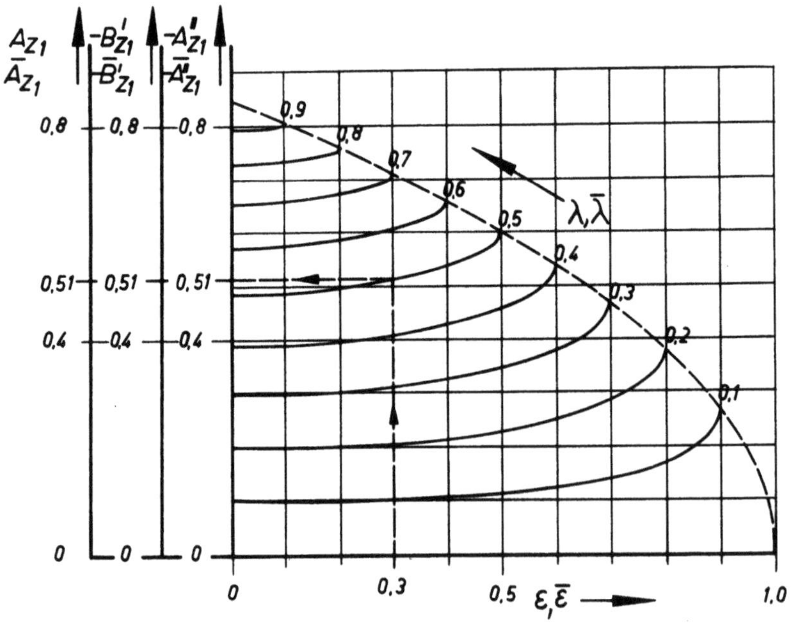

A b b i l d u n g 1b

Gleitbewegung, Fourierkoeffizienten A_{z1}; B'_{z1}; A''_{z1} und $\bar{A}_{z1}$; $\bar{B}'_{z1}$; A''_{z1}

Beispiel: $\lambda, (\bar{\lambda}) = 0{,}5$ und $\varepsilon, (\bar{\varepsilon}) = 0{,}3$ liefert $A_{z1}, (\bar{A}_{z1}) = 0{,}51$;

$B'_{z1}, (\bar{B}'_{z1}) = -0{,}51$; $A''_{z1}, (\bar{A}''_{z1}) = -0{,}51$

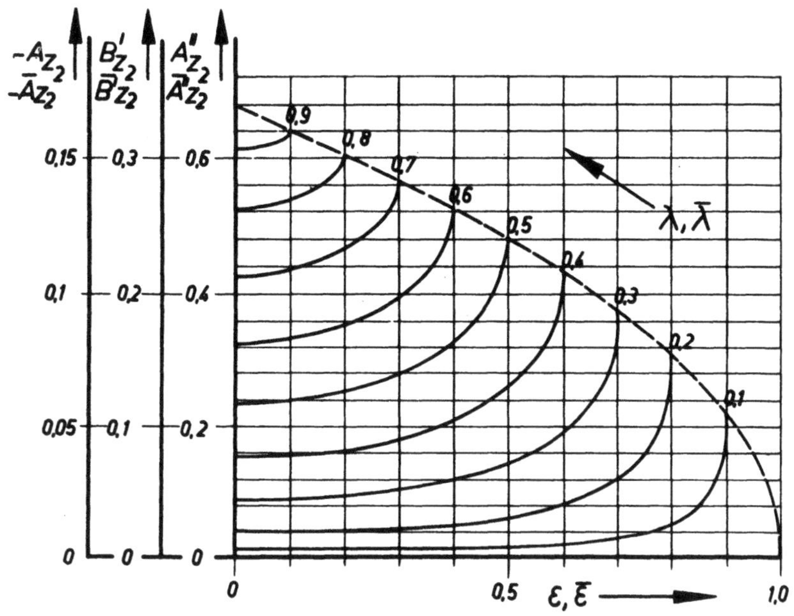

A b b i l d u n g 1c

Gleitbewegung, Fourierkoeffizienten A_{z2}; B'_{z2}; A''_{z2} und $\bar{A}_{z2}$; $\bar{B}'_{z2}$; $\bar{A}''_{z2}$

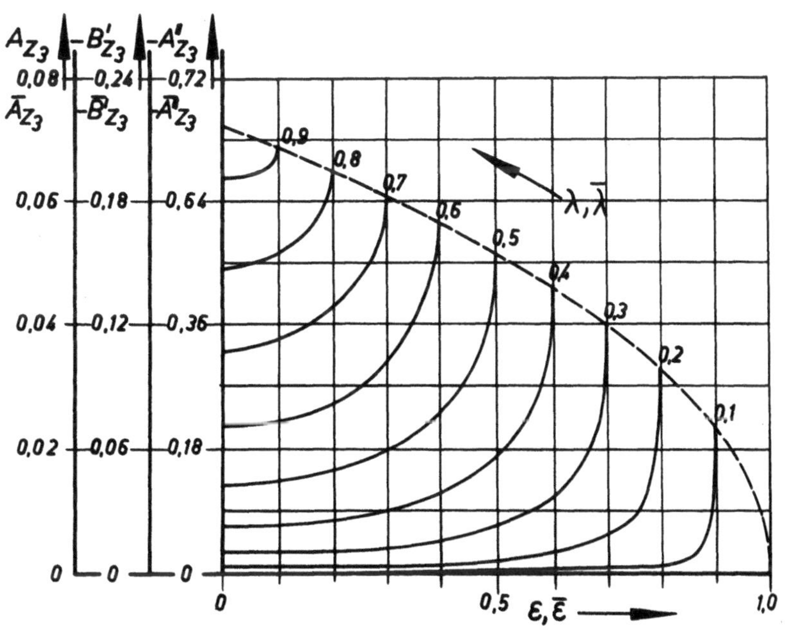

A b b i l d u n g 1d

Gleitbewegung, Fourierkoeffizienten A_{z3}; B'_{z3}; A''_{z3} und $\bar{A}_{z3}$; $\bar{B}'_{z3}$; $\bar{A}''_{z3}$

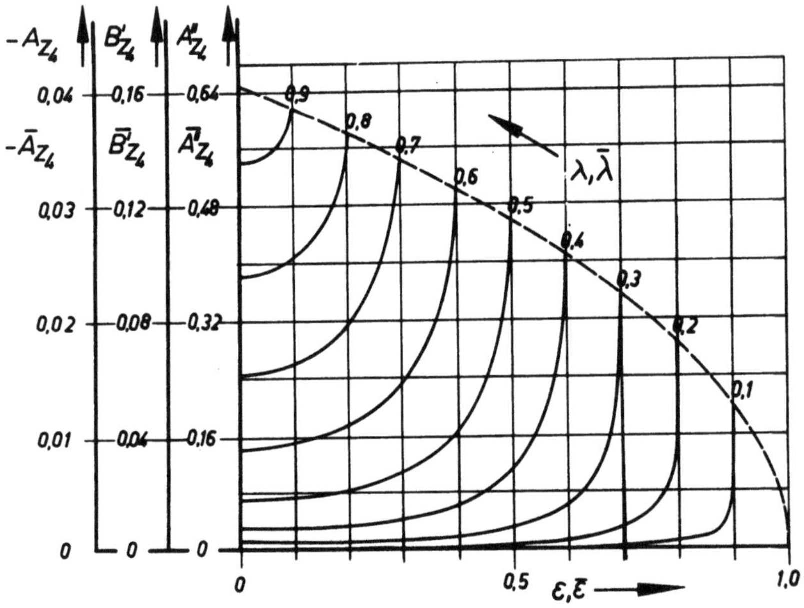

A b b i l d u n g 1e

Gleitbewegung, Fourierkoeffizienten A_{z4}; B'_{z4}; A''_{z4} und $\bar{A}_{z4}$; $\bar{B}'_{z4}$; $\bar{A}''_{z4}$

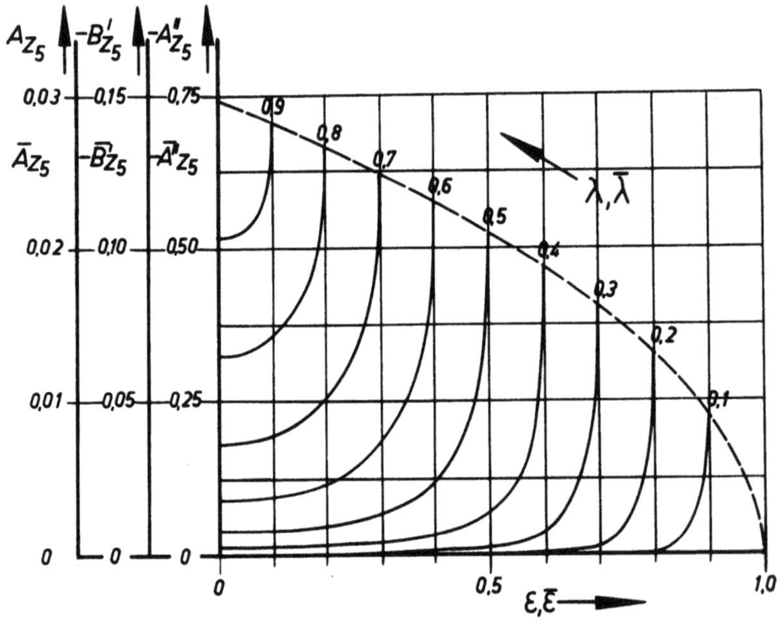

A b b i l d u n g 1f

Gleitbewegung, Fourierkoeffizienten A_{z4}; B'_{z4}; A''_{z4} und $\bar{A}_{z4}$; $\bar{B}'_{z4}$; $\bar{A}''_{z4}$

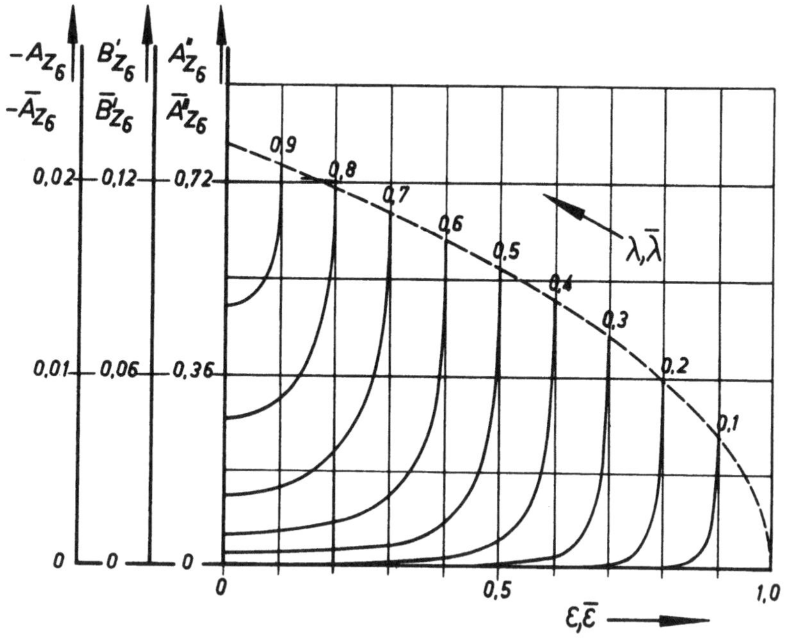

A b b i l d u n g 1g

Gleitbewegung, Fourierkoeffizienten A_{z6}; B'_{z6}; A''_{z6} und $\bar{A}_{z6}$; $\bar{B}'_{z6}$; $\bar{A}''_{z6}$

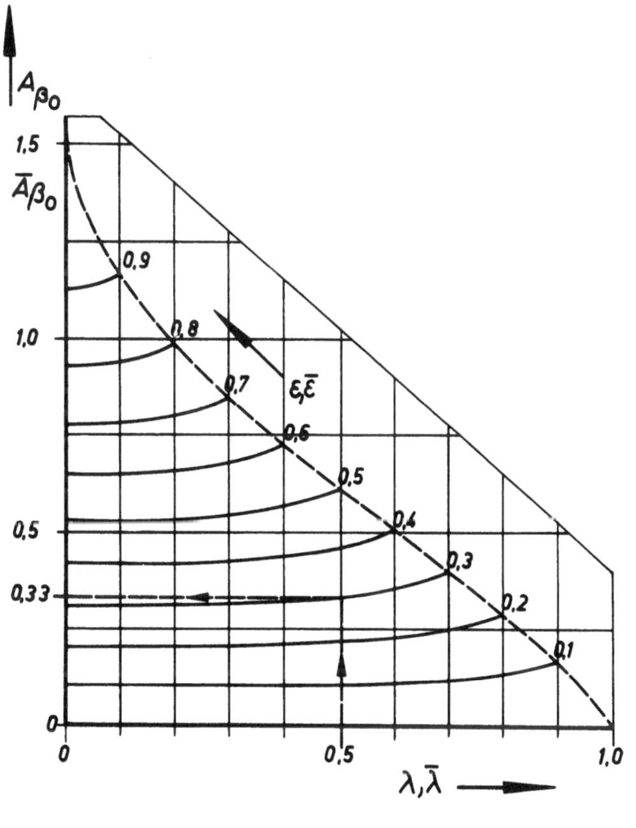

A b b i l d u n g 2a

Winkelbewegung, Fourierkoeffizienten $A_{\beta o}$; $\bar{A}_{\beta o}$

Beispiel: λ, $(\bar{\lambda})$ = 0,5 und ε, $(\bar{\varepsilon})$ = 0,3 liefert $A_{\beta o}$, $(\bar{A}_{\beta o})$ = 0,33

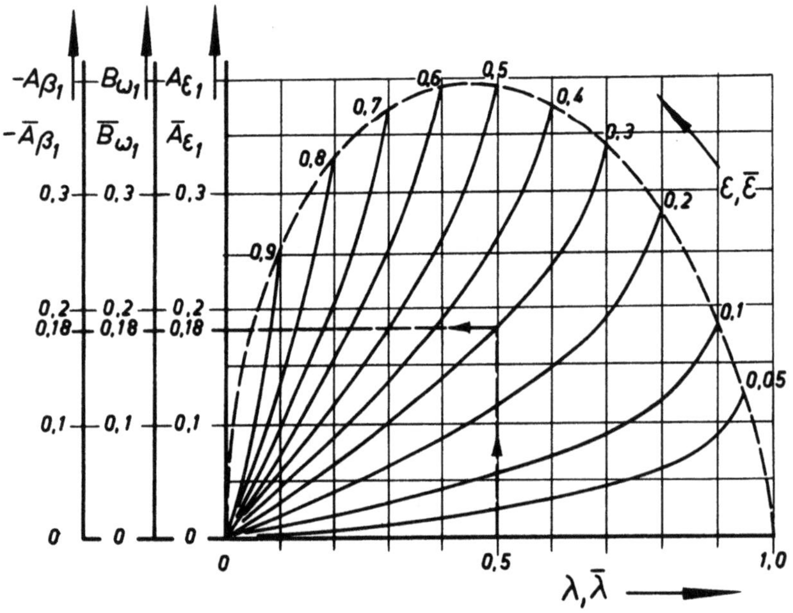

A b b i l d u n g 2b

Winkelbewegung, Fourierkoeffizienten $A_{\beta 1}$; $B_{\omega 1}$; $A_{\varepsilon 1}$ und $\bar{A}_{\beta 1}$; $\bar{B}_{\omega 1}$; $\bar{A}_{\varepsilon 1}$

Beispiel: λ, $(\bar{\lambda})$ = 0,5 und ε, $(\bar{\varepsilon})$ = 0,3 liefert $A_{\beta 1}$, $(\bar{A}_{\beta 1})$ = -0,18; $B_{\omega 1}$, $(\bar{B}_{\omega 1})$ = 0,18; $A_{\varepsilon 1}$, $(\bar{A}_{\varepsilon 1})$ = 0,18

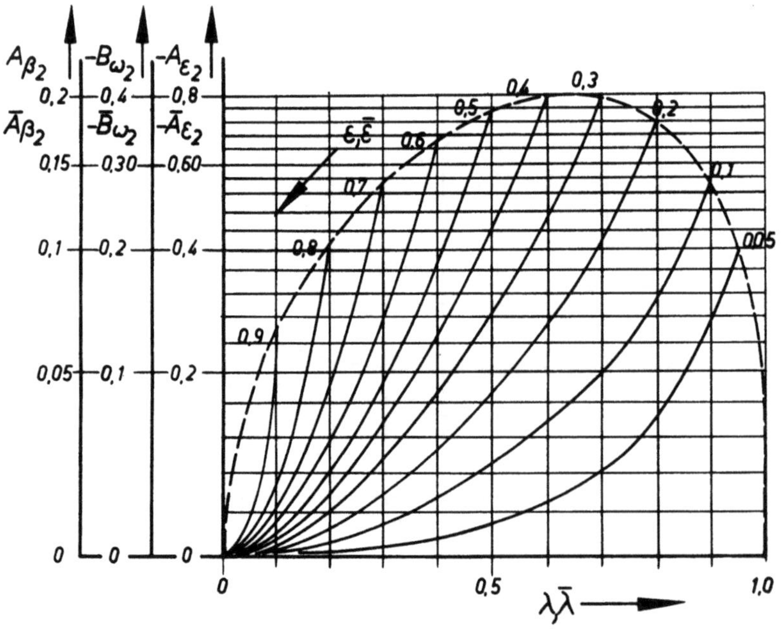

A b b i l d u n g 2c

Winkelbewegung, Fourierkoeffizienten $A_{\beta 2}$; $B_{\omega 2}$; $A_{\varepsilon 2}$ und $\bar{A}_{\beta 2}$; $\bar{B}_{\omega 2}$; $\bar{A}_{\varepsilon 2}$

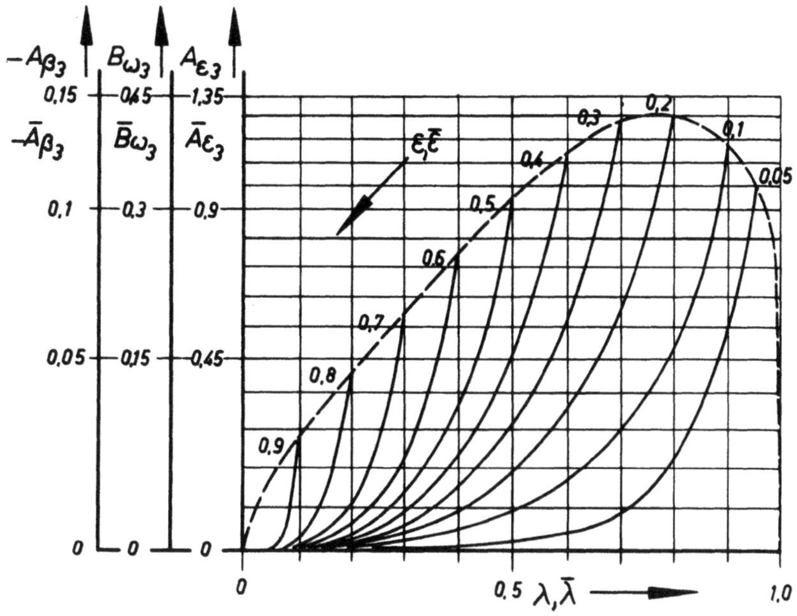

A b b i l d u n g   2d

Winkelbewegung, Fourierkoeffizienten $A_{\beta 3}$; $B_{\omega 3}$; $A_{\varepsilon 3}$ und $\bar{A}_{\beta 3}$; $\bar{B}_{\omega 3}$; $\bar{A}_{\varepsilon 3}$

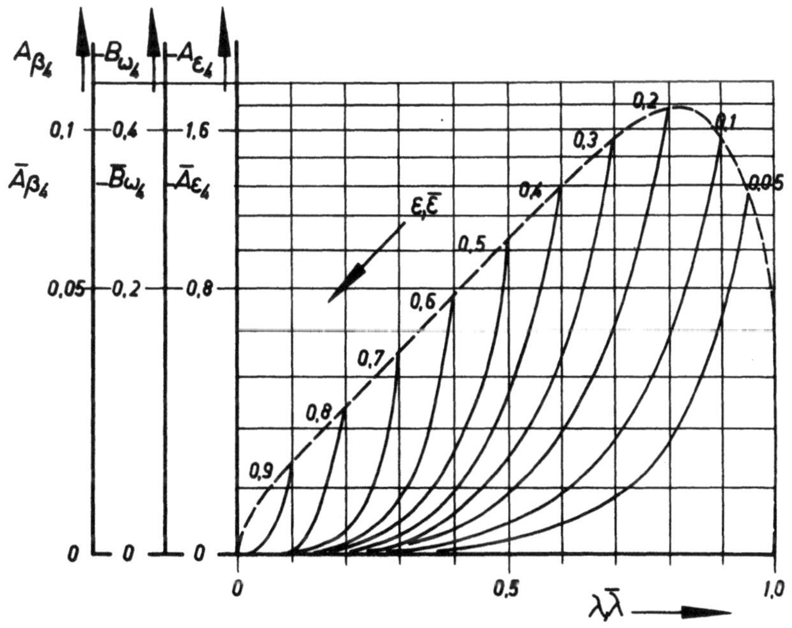

A b b i l d u n g   2e

Winkelbewegung, Fourierkoeffizienten $A_{\beta 4}$; $B_{\omega 4}$; $A_{\varepsilon 4}$ und $\bar{A}_{\beta 4}$; $\bar{B}_{\omega 4}$; $\bar{A}_{\varepsilon 4}$

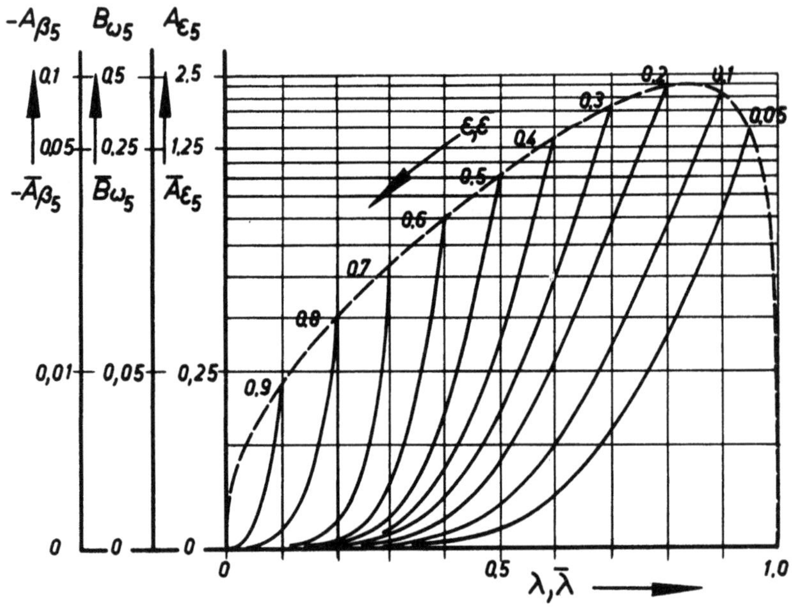

A b b i l d u n g 2f

Winkelbewegung, Fourierkoeffizienten $A_{\beta 5}$; $B_{\omega 5}$; $A_{\varepsilon 5}$ und $\bar{A}_{\beta 5}$; $\bar{B}_{\omega 5}$; $\bar{A}_{\varepsilon 5}$

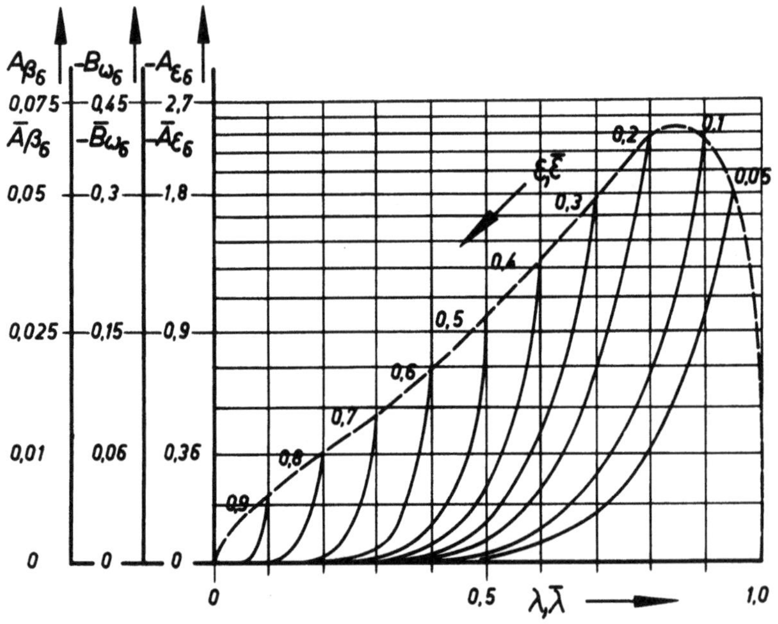

A b b i l d u n g 2g

Winkelbewegung, Fourierkoeffizienten $A_{\beta 6}$; $B_{\omega 6}$; $A_{\varepsilon 6}$ und $\bar{A}_{\beta 6}$; $\bar{B}_{\omega 6}$; $\bar{A}_{\varepsilon 6}$

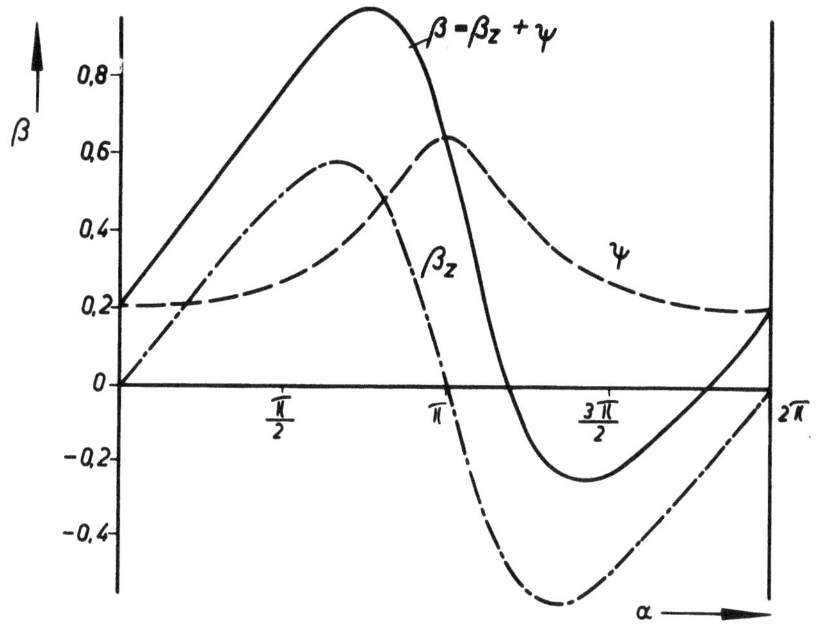

A b b i l d u n g 3a

Abtriebswinkel $\beta = \beta_z + \psi$ der exzentrischen Kurbelschleife (λ=0,5; ε=0,3)

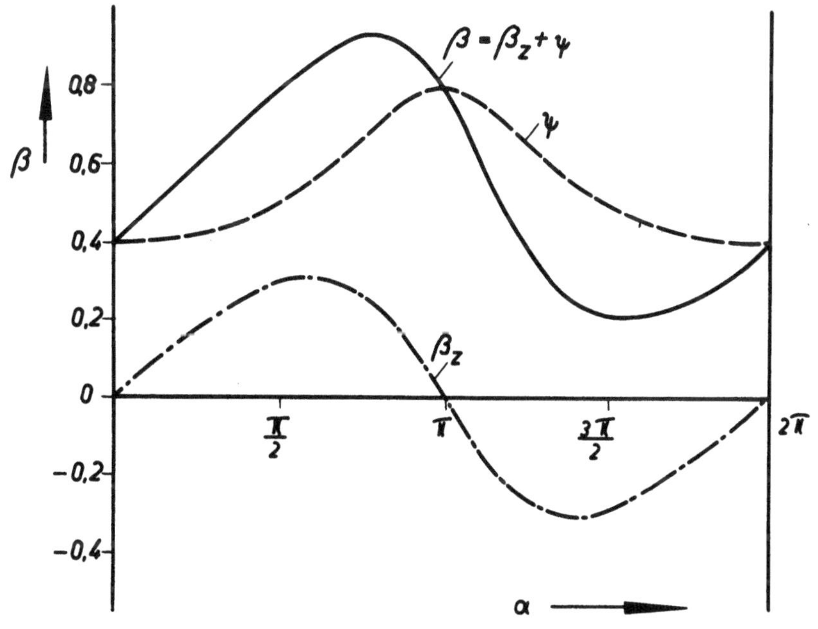

A b b i l d u n g 3b

Abtriebswinkel $\beta = \beta_z + \psi$ der exzentrischen Kurbelschleife (λ=0,3; ε=0,5)

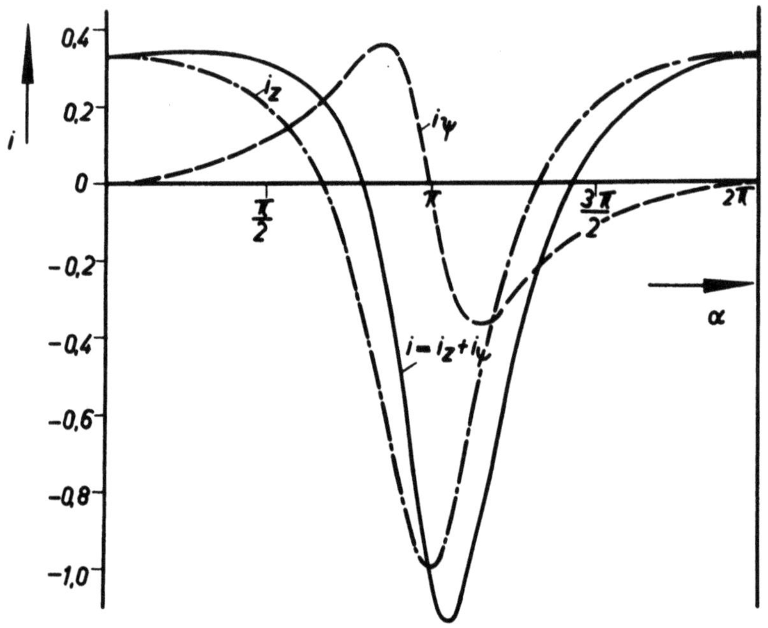

A b b i l d u n g 3c

Übersetzungsverhältnis $i = i_z + i_\psi$ der exzentrischen Kurbelschleife
($\lambda = 0,5$; $\varepsilon = 0,3$)

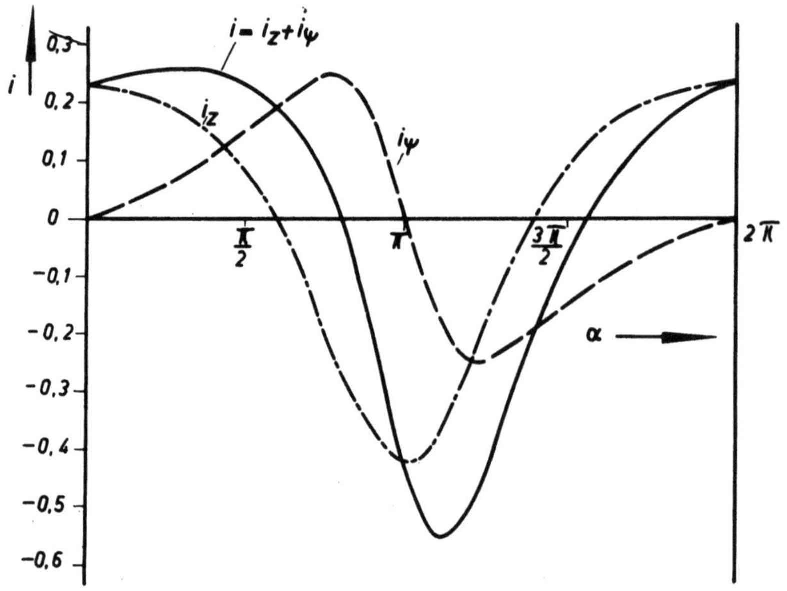

A b b i l d u n g 3d

Übersetzungsverhältnis $i = i_z + i_\psi$ der exzentrischen Kurbelschleife
($\lambda = 0,3$; $\varepsilon = 0,5$)

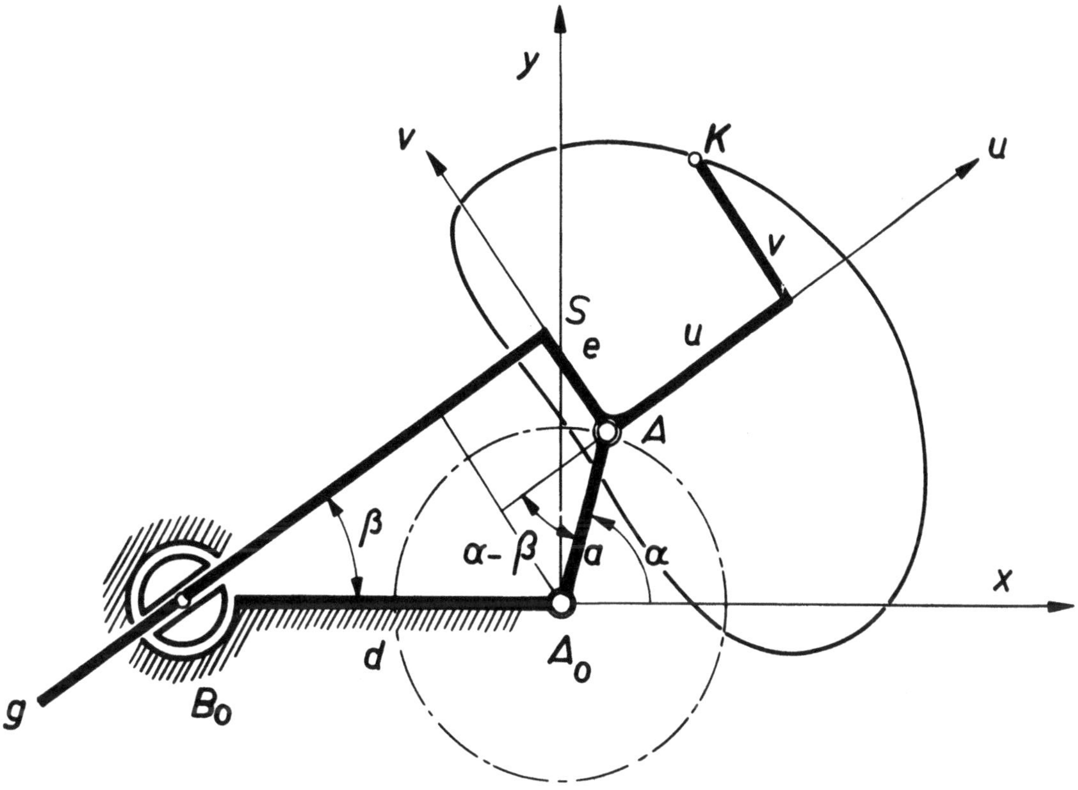

A b b i l d u n g 4
Koordinaten des Koppelpunktes K

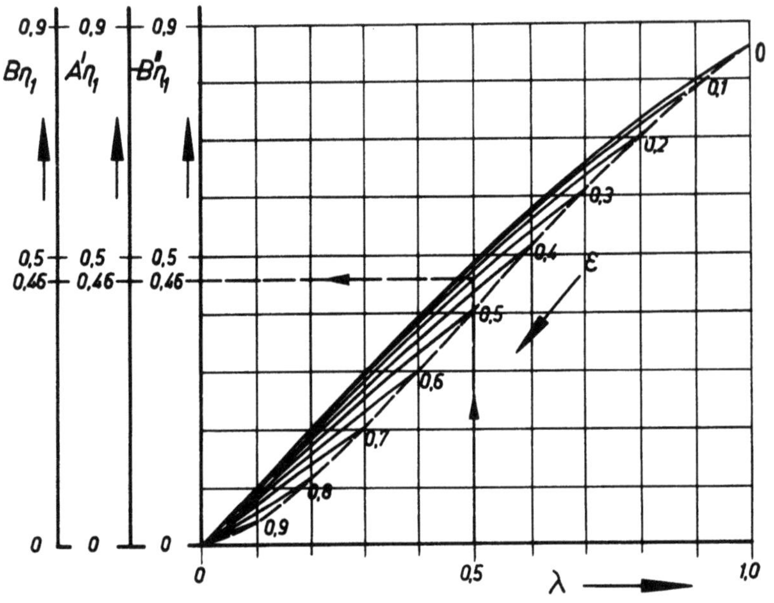

A b b i l d u n g 5a

Koppelbewegung, Fourierkoeffizienten $B_{\eta 1}$; $A'_{\eta 1}$; $B''_{\eta 1}$

Beispiel: $\lambda = 0{,}5$ und $\varepsilon = 0{,}3$ liefert $B_{\eta 1} = 0{,}46$;

$A'_{\eta 1} = 0{,}46$; $B''_{\eta 1} = -0{,}46$

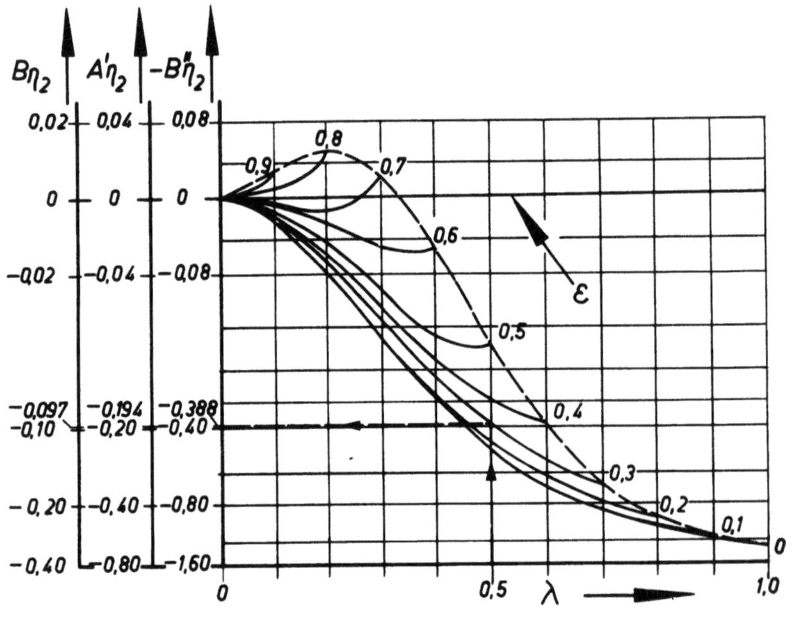

A b b i l d u n g 5b

Koppelbewegung, Fourierkoeffizienten $B_{\eta 2}$; $A'_{\eta 2}$; $B''_{\eta 2}$

Beispiel: $\lambda = 0{,}5$ und $\varepsilon = 0{,}3$ liefert $B_{\eta 2} = -0{,}097$;

$A'_{\eta 2} = -{,}194$; $B''_{\eta 2} = 0{,}388$

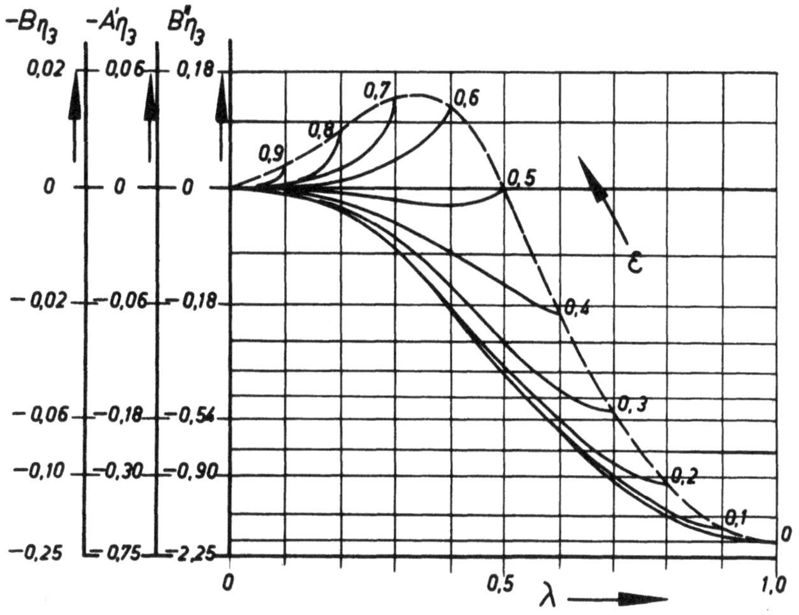

A b b i l d u n g 5c

Koppelbewegung, Fourierkoeffizienten $B_{\eta 3}$; $A'_{\eta 3}$; $B''_{\eta 3}$

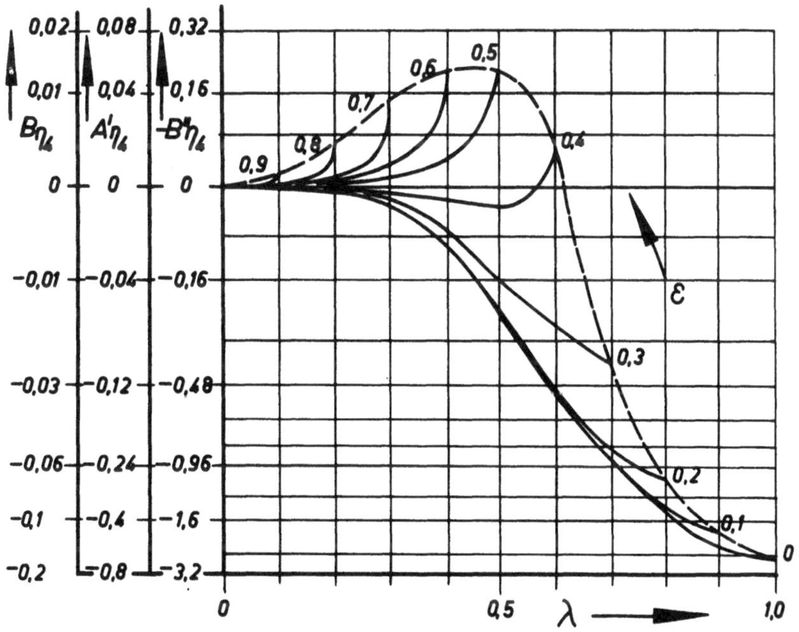

A b b i l d u n g 5d

Koppelbewegung, Fourierkoeffizienten $B_{\eta 4}$; $A'_{\eta 4}$; $B''_{\eta 4}$

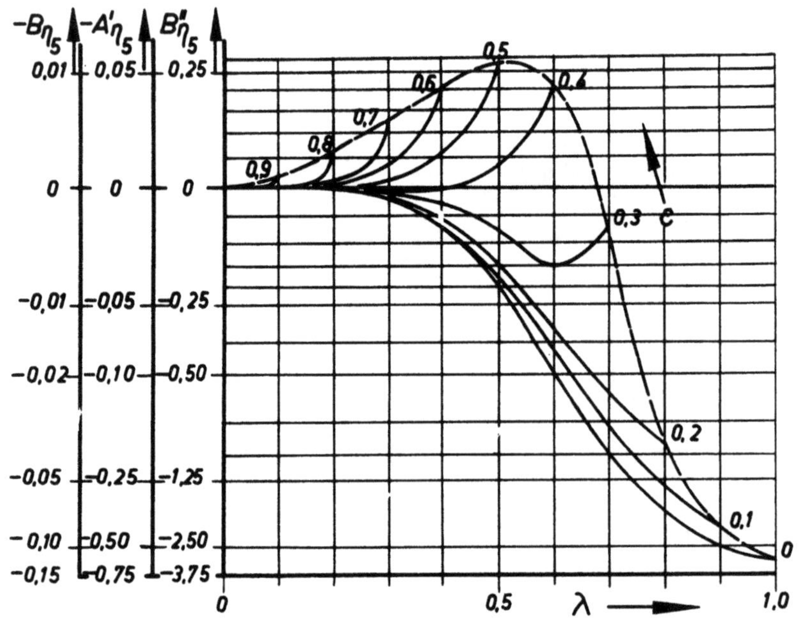

A b b i l d u n g 5e

Koppelbewegung, Fourierkoeffizienten $B_{\eta 5}$; $A'_{\eta 5}$; $B''_{\eta 5}$

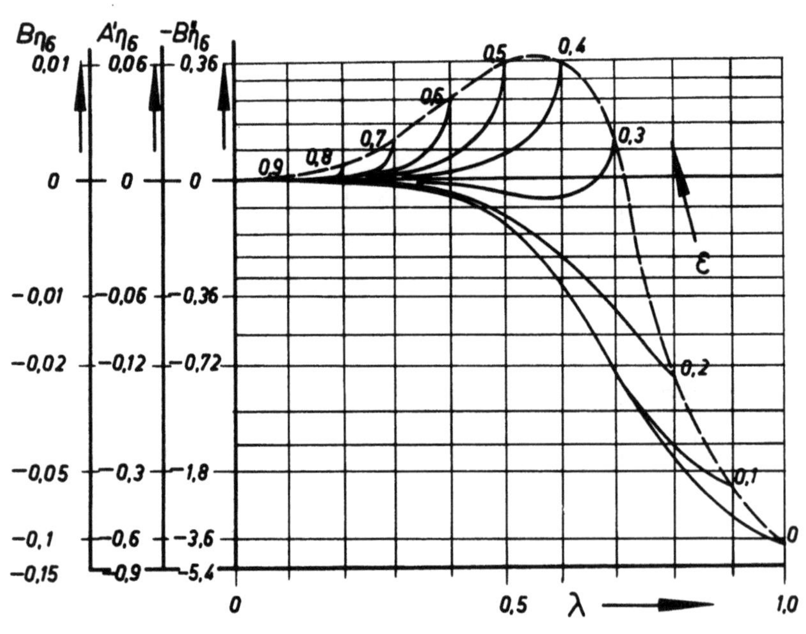

A b b i l d u n g 5f

Koppelbewegung, Fourierkoeffizienten $B_{\eta 6}$; $A'_{\eta 6}$; $B''_{\eta 6}$;

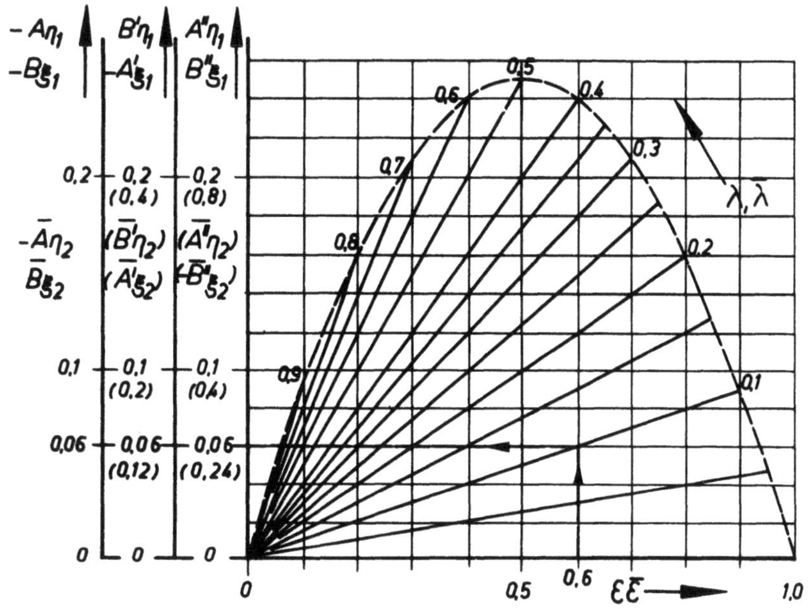

Abbildung 6a

Koppelbewegung, Fourierkoeffizienten $A_{\eta 1}$; $B'_{\eta 1}$; $A''_{\eta 1}$
$B_{\xi 1}$; $A'_{\xi 1}$; $B''_{\xi 1}$; $\bar{A}_{\eta 2}$; $\bar{B}'_{\eta 2}$; $\bar{A}''_{\eta 2}$; $\bar{B}_{\xi 2}$; $\bar{A}'_{\xi 2}$; $\bar{B}''_{\xi 2}$

Beispiel: $\lambda = 0,1$ und $\varepsilon = 0,6$ liefert $A_{\eta 1} = -0,06$; $B'_{\eta 1} = 0,06$; $A''_{\eta 1} = 0,06$; $B_{\xi 1} = -0,06$; $A'_{\xi 1} = -0,06$, $B''_{\xi 1} = 0,06$. $\bar{\lambda} = 0,1$ und $\bar{\varepsilon} = 0,6$ liefert $\bar{A}_{\eta 2} = -0,06$; $\bar{B}'_{\eta 2} = 0,12$; $\bar{A}''_{\eta 2} = 0,24$; $\bar{B}_{\xi 2} = 0,06$; $\bar{A}'_{\xi 2} = 0,12$; $\bar{B}''_{\xi 2} = -0,24$

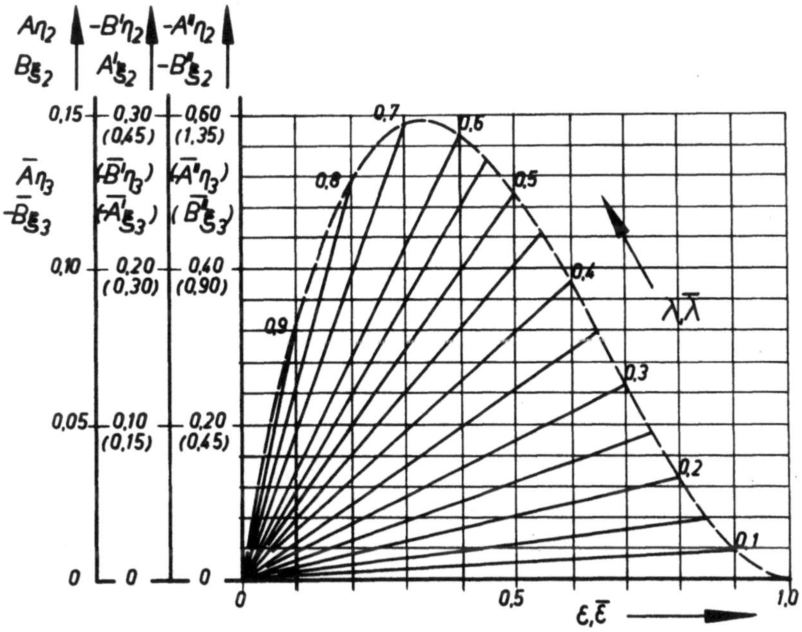

Abbildung 6b

Koppelbewegung, Fourierkoeffizienten $A_{\eta 2}$; $B'_{\eta 2}$; $A''_{\eta 2}$;
$B_{\xi 2}$; $A'_{\xi 2}$; $B''_{\xi 2}$; $\bar{A}_{\eta 3}$; $\bar{B}'_{\eta 3}$; $\bar{A}''_{\eta 3}$; $\bar{B}_{\xi 3}$; $\bar{A}'_{\xi 3}$; $\bar{B}''_{\xi 3}$

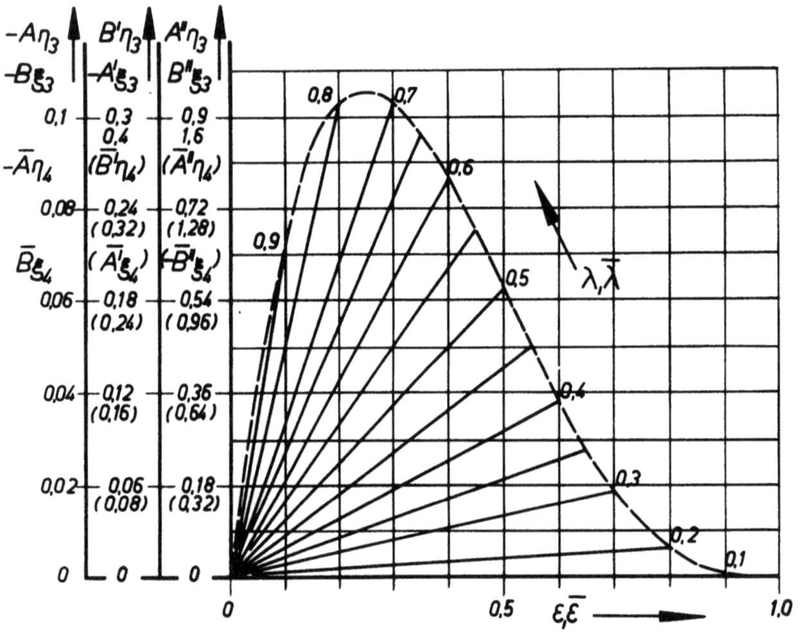

A b b i l d u n g   6c

Koppelbewegung, Fourierkoeffizienten $A_{\eta 3}$; $B'_{\eta 3}$; $A''_{\eta 3}$; $B_{\xi 3}$; $A'_{\xi 3}$; $B''_{\xi 3}$; $\bar{A}_{\eta 4}$; $\bar{B}'_{\eta 4}$; $\bar{A}''_{\eta 4}$; $\bar{B}_{\xi 4}$; $\bar{A}'_{\xi 4}$; $\bar{B}''_{\xi 4}$

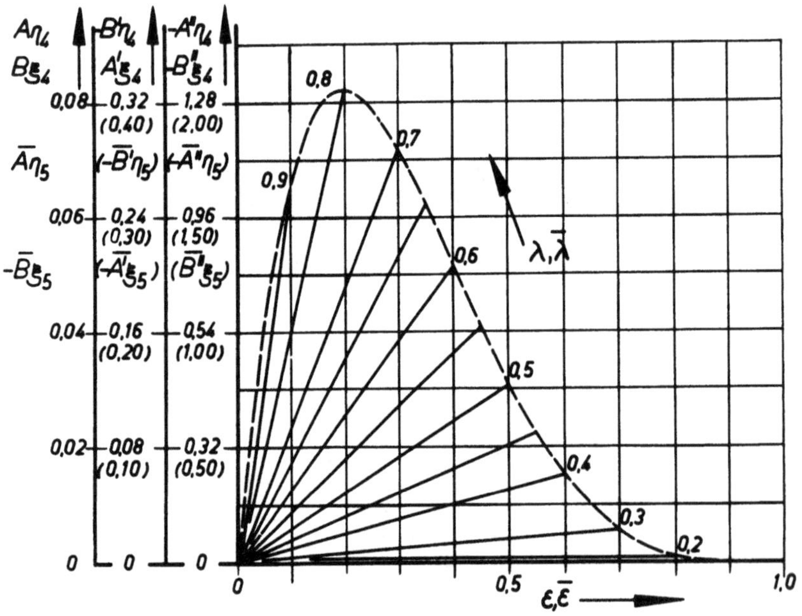

A b b i l d u n g   6d

Koppelbewegung, Fourierkoeffizienten $A_{\eta 4}$; $B'_{\eta 4}$; $A''_{\eta 4}$; $B_{\xi 4}$; $A'_{\xi 4}$; $B''_{\xi 4}$; $\bar{A}_{\eta 5}$; $\bar{B}'_{\eta 5}$; $\bar{A}''_{\eta 5}$; $\bar{B}_{\xi 5}$; $\bar{A}'_{\xi 5}$; $\bar{B}''_{\xi 5}$

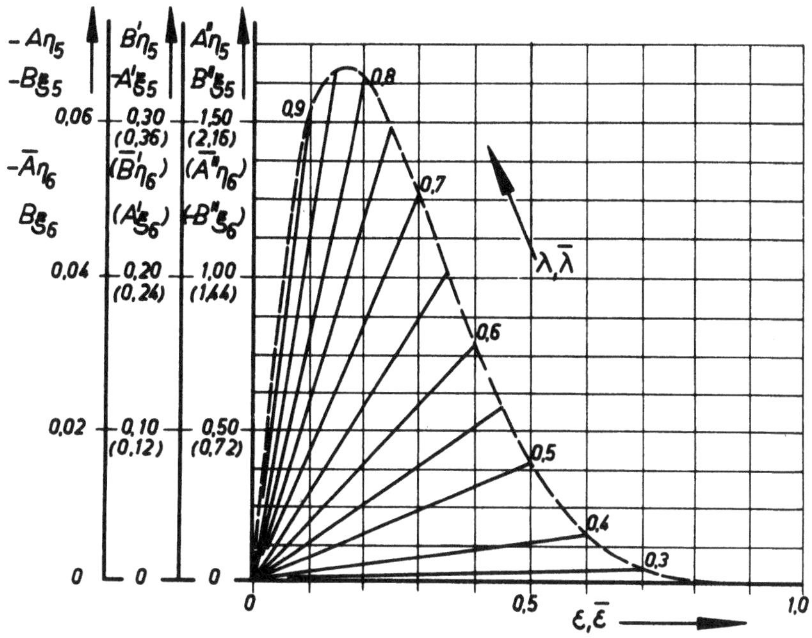

A b b i l d u n g 6e

Koppelbewegung, Fourierkoeffizienten $A_{\eta 5}$; $B'_{\eta 5}$; $A''_{\eta 5}$; $B_{\xi 5}$; $A'_{\xi 5}$; $B''_{\xi 5}$; $\bar{A}_{\eta 6}$; $\bar{B}'_{\eta 6}$; $\bar{A}''_{\eta 6}$; $\bar{B}_{\xi 6}$; $\bar{A}'_{\xi 6}$; $\bar{B}''_{\xi 6}$

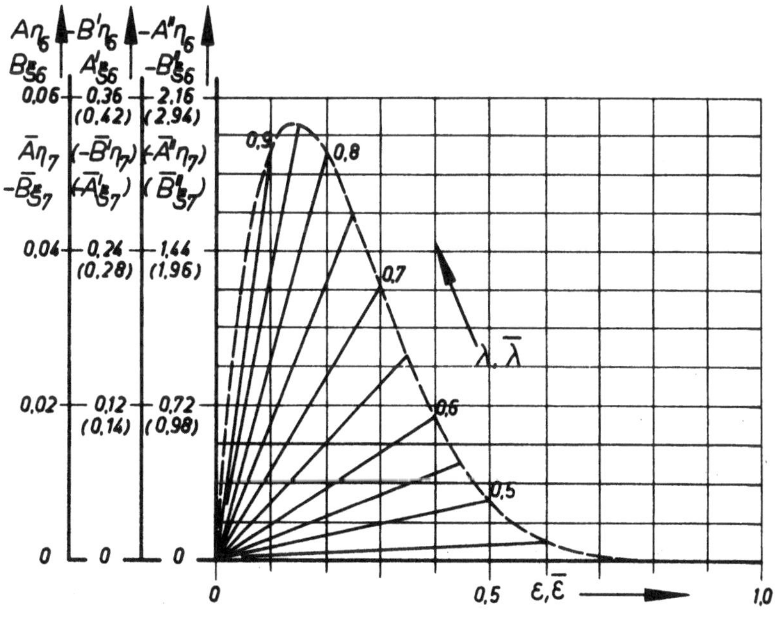

A b b i l d u n g 6f

Koppelbewegung, Fourierkoeffizienten $A_{\eta 6}$; $B'_{\eta 6}$; $A''_{\eta 6}$; $B_{\xi 6}$; $A'_{\xi 6}$; $B''_{\xi 6}$; $\bar{A}_{\eta 7}$; $\bar{B}'_{\eta 7}$; $\bar{A}''_{\eta 7}$; $\bar{B}_{\xi 7}$; $\bar{A}'_{\xi 7}$; $\bar{B}''_{\xi 7}$

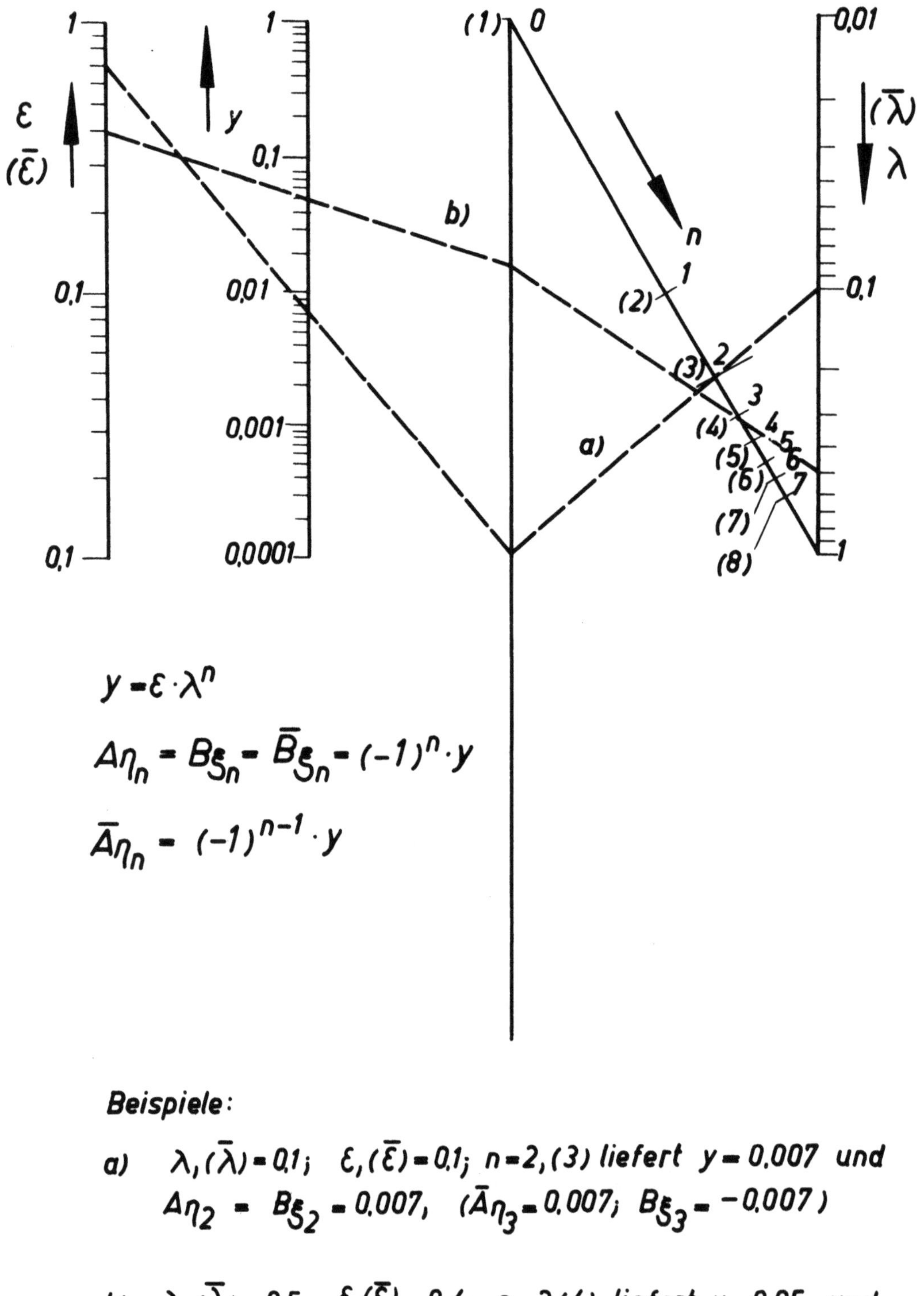

$$y = \varepsilon \cdot \lambda^n$$

$$A\eta_n = B\xi_n = \bar{B}\xi_n = (-1)^n \cdot y$$

$$\bar{A}\eta_n = (-1)^{n-1} \cdot y$$

Beispiele:

a) $\lambda, (\bar{\lambda}) = 0{,}1$; $\varepsilon, (\bar{\varepsilon}) = 0{,}1$; $n = 2, (3)$ *liefert* $y = 0{,}007$ *und*
$A\eta_2 = B\xi_2 = 0{,}007$, $(\bar{A}\eta_3 = 0{,}007$; $B\xi_3 = -0{,}007)$

b) $\lambda, (\bar{\lambda}) = 0{,}5$; $\varepsilon, (\bar{\varepsilon}) = 0{,}4$; $n = 3 (4)$ *liefert* $y = 0{,}05$ *und*
$A\eta_3 = B\xi_3 = -0{,}05$ $(\bar{A}\eta_4 = -0{,}05$, $\bar{B}\xi_4 = 0{,}05)$

Abbildung 7

Nomogramm zur Bestimmung von $A_{\eta n}$; $B_{\xi n}$; $\bar{A}_{\eta n}$; $\bar{B}_{\xi n}$

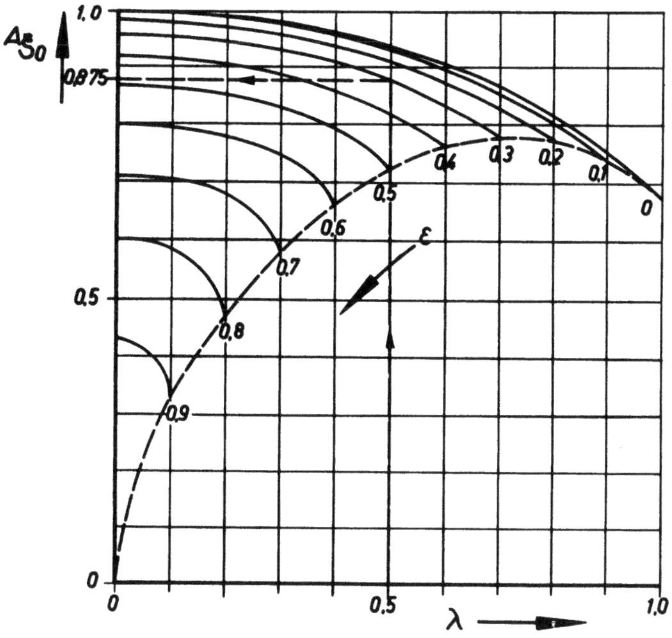

A b b i l d u n g 8a

Koppelbewegung, Fourierkoeffizienten A_{ξ_0}

Beispiel: λ = 0,5 und ε = 0,3 liefert A_{ξ_0} = 0,875

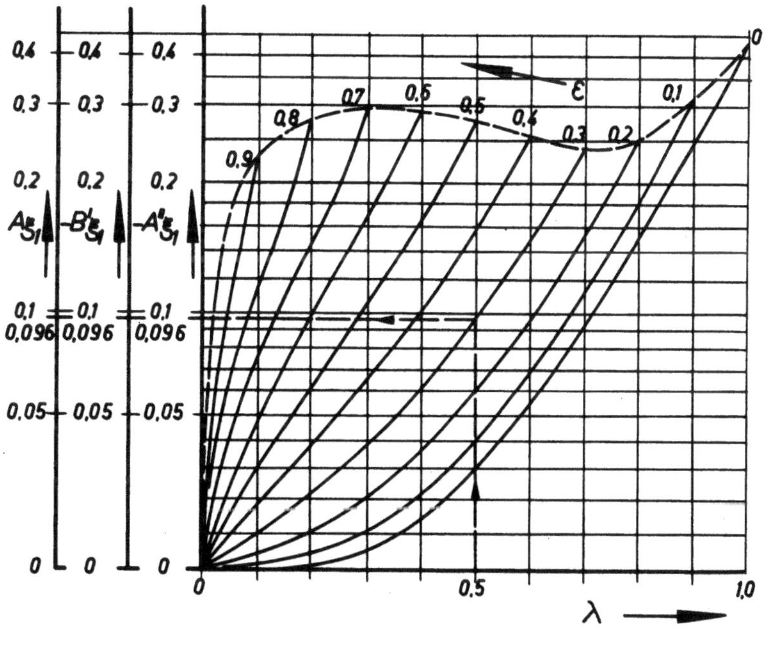

A b b i l d u n g 8b

Koppelbewegung, Fourierkoeffizienten A_{ξ_1}; B'_{ξ_1}; A''_{ξ_1}

Beispiel: λ = 0,5 und ε = 0,3 liefert A_{ξ_1} = 0,096;

B'_{ξ_1} = -0,096; A''_{ξ_1} = -0,096

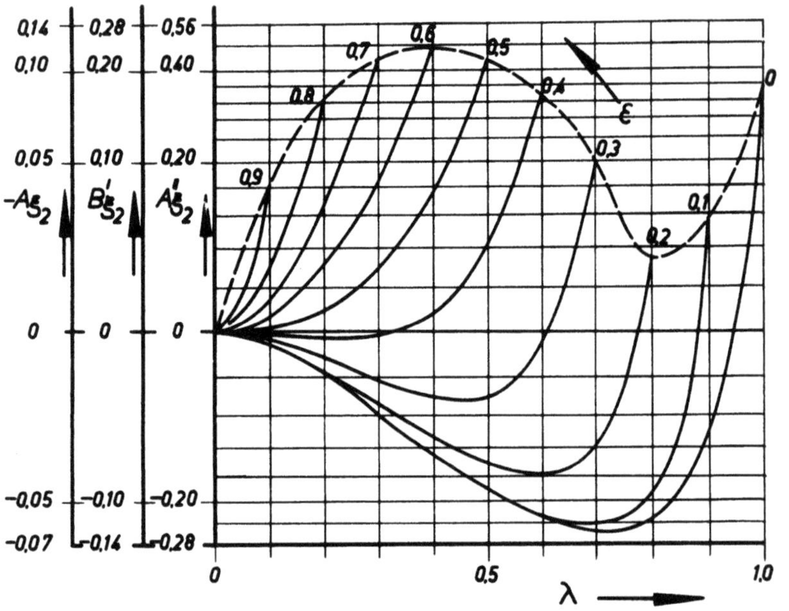

A b b i l d u n g 8c

Koppelbewegung, Fourierkoeffizienten $A_{\xi 2}$; $B'_{\xi 2}$; $A''_{\xi 2}$

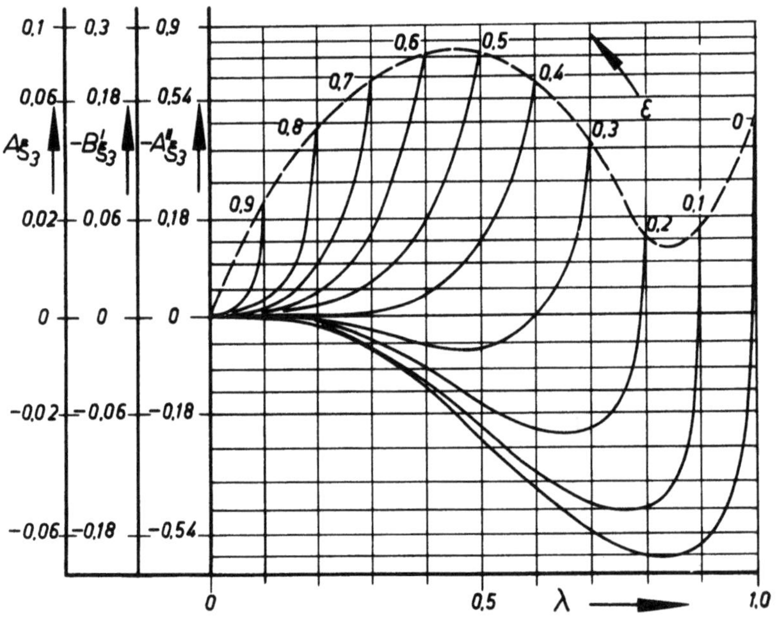

A b b i l d u n g 8d

Koppelbewegung, Fourierkoeffizient $A_{\xi 3}$; $B'_{\xi 3}$; $A''_{\xi 3}$

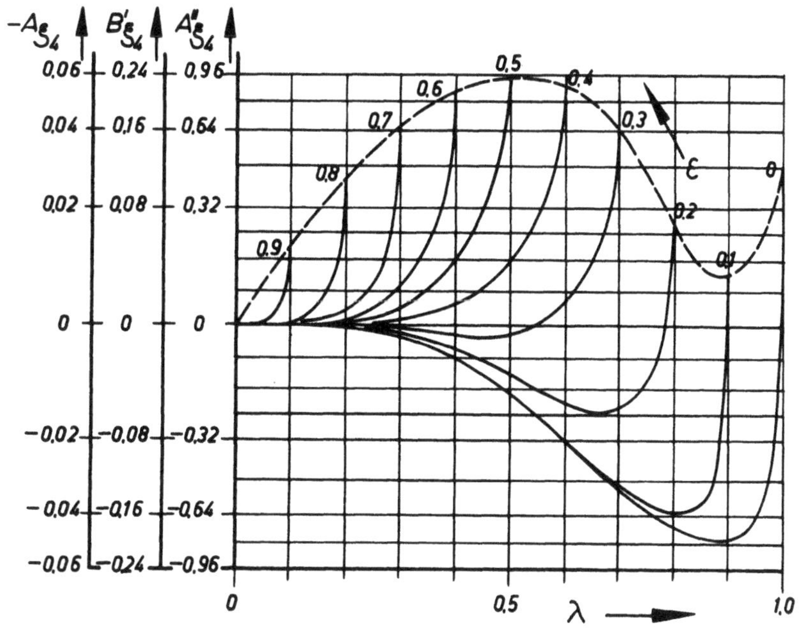

Abbildung 8e

Koppelbewegung, Fourierkoeffizienten $A_{\xi 4}$; $B'_{\xi 4}$; $A''_{\xi 4}$

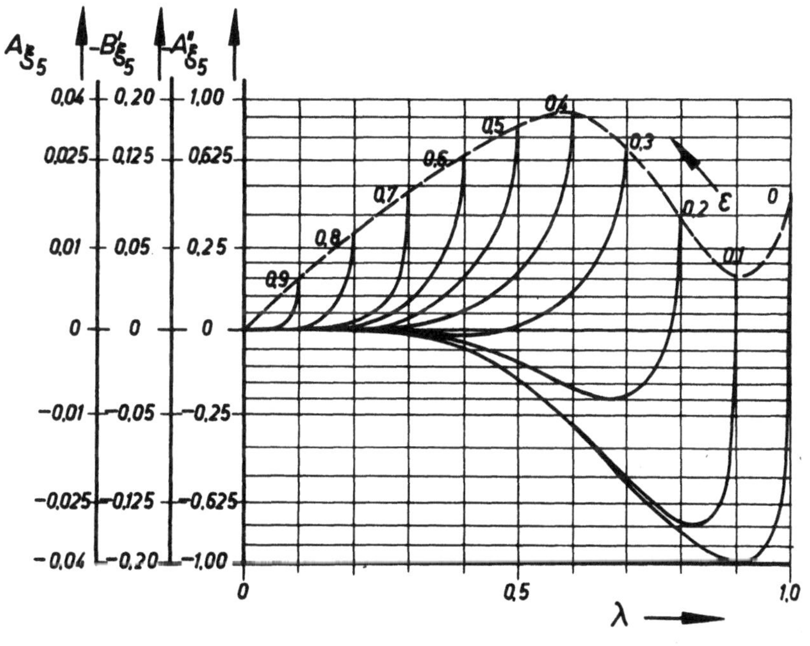

Abbildung 8f

Koppelbewegung, Fourierkoeffizienten $A_{\xi 5}$; $B'_{\xi 5}$; $A''_{\xi 5}$

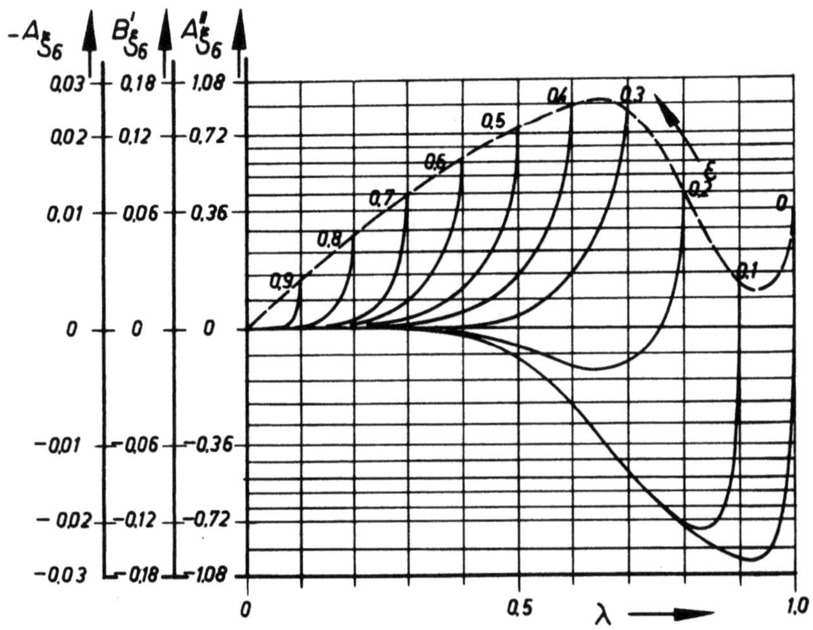

A b b i l d u n g 8g

Koppelbewegung, Fourierkoeffizienten $A_{\xi 6}$; $B'_{\xi 6}$; $A''_{\xi 6}$

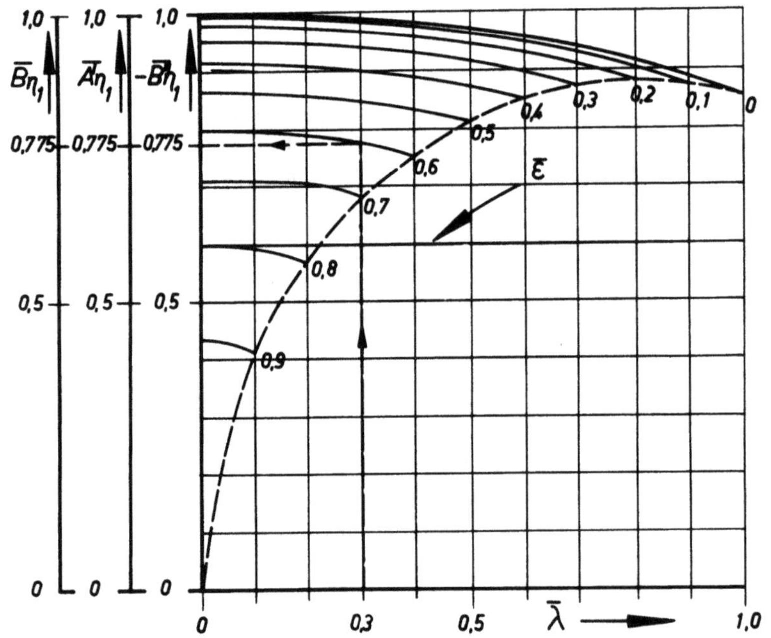

A b b i l d u n g 9a

Koppelbewegung, Fourierkoeffizienten $\bar{B}_{\eta 1}$; $\bar{A}'_{\eta 1}$; $\bar{B}''_{\eta 1}$

Beispiel: $\bar{\lambda} = 0,3$ und $\bar{\varepsilon} = 0,6$ ergibt $\bar{B}_{\eta 1} = 0,775$; $\bar{A}'_{\eta 1} = 0,775$; $\bar{B}''_{\eta 1} = -0,775$

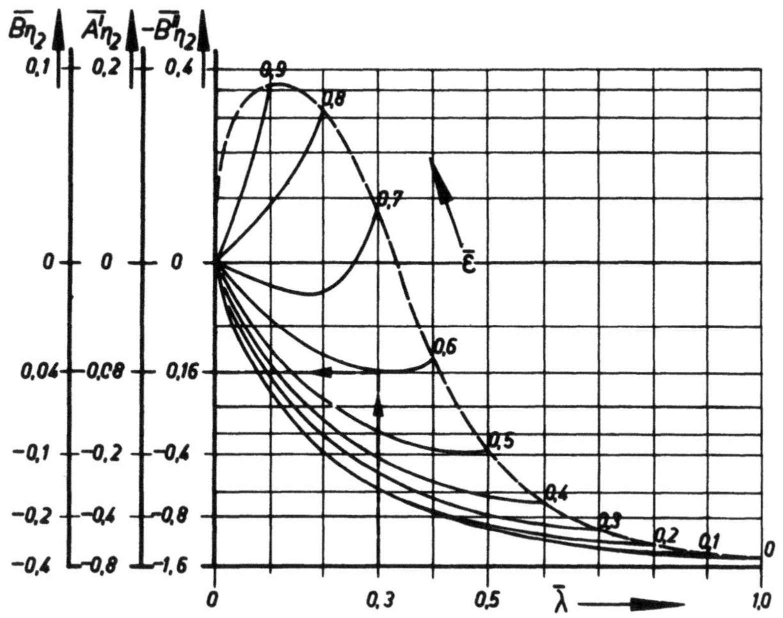

A b b i l d u n g 9b

Koppelbewegung, Fourierkoeffizienten $\bar{B}_{\eta 2}$; $\bar{A}'_{\eta 2}$; $\bar{B}''_{\eta 2}$

Beispiel: $\bar{\lambda} = 0{,}3$ und $\bar{\varepsilon} = 0{,}6$ ergibt $\bar{B}_{\eta 2} = -0{,}04$;

$\bar{A}'_{\eta 2} = -0{,}08$; $\bar{B}''_{\eta 2} = 0{,}016$

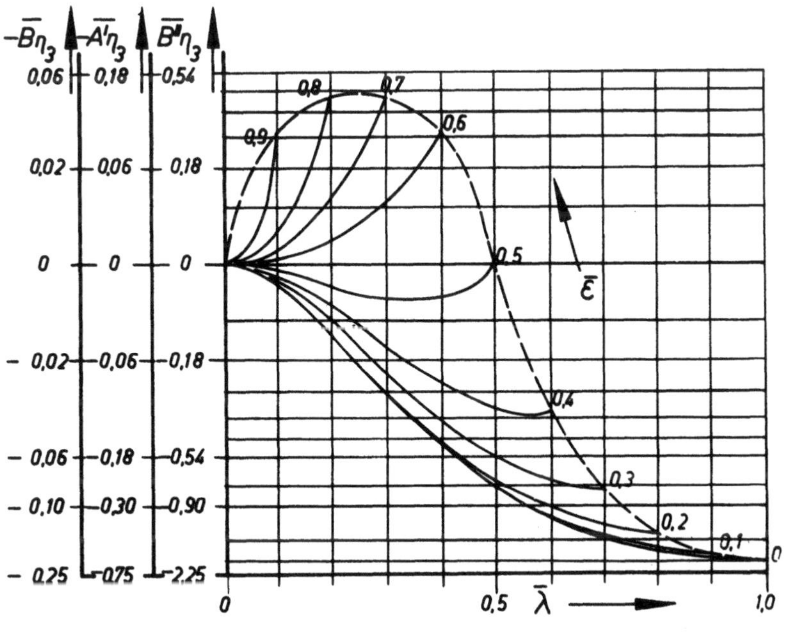

A b b i l d u n g 9c

Koppelbewegung, Fourierkoeffizienten $\bar{B}_{\eta 3}$; $\bar{A}'_{\eta 3}$; $\bar{B}''_{\eta 3}$

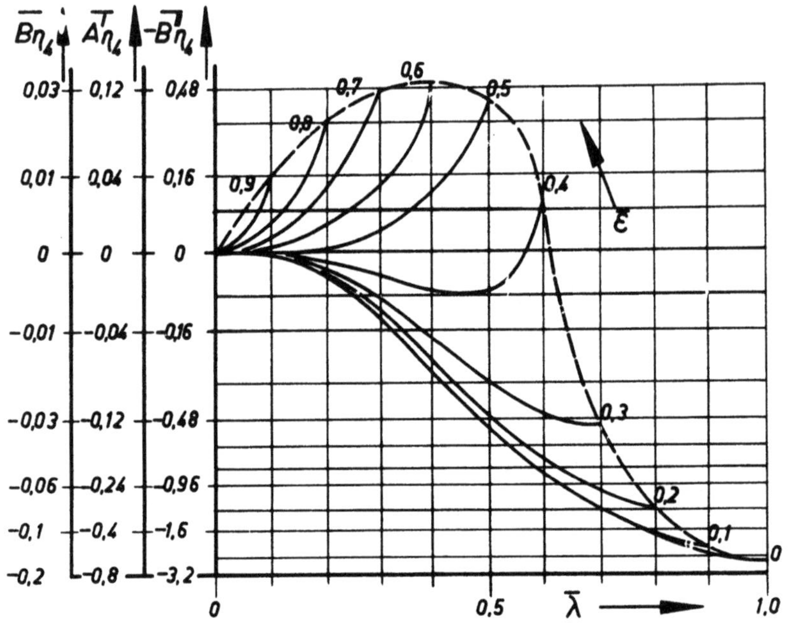

A b b i l d u n g   9d

Koppelbewegung, Fourierkoeffizienten $\overline{B}_{\eta 4}$; $\overline{A}'_{\eta 4}$; $\overline{B}''_{\eta 3}$

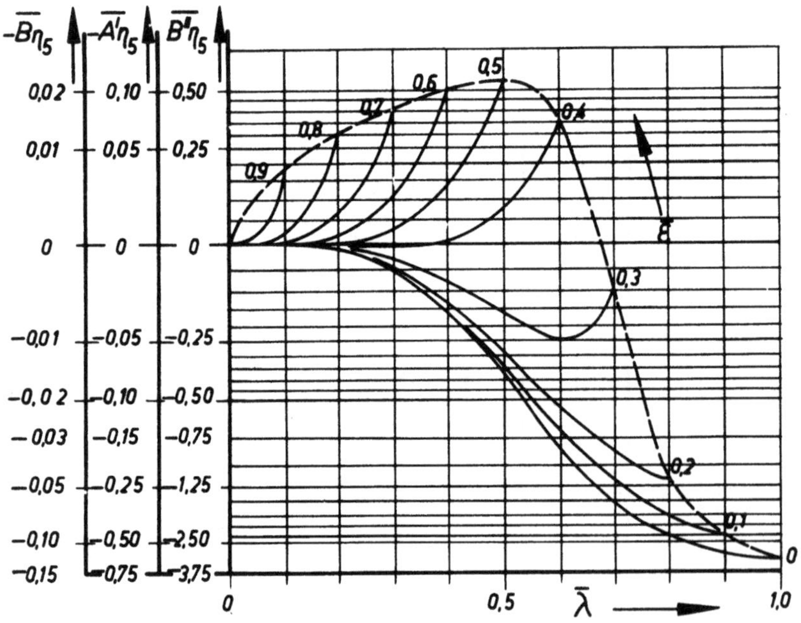

A b b i l d u n g   9e

Koppelbewegung, Fourierkoeffizienten $\overline{B}_{\eta 5}$; $\overline{A}'_{\eta 5}$; $\overline{B}''_{\eta 5}$

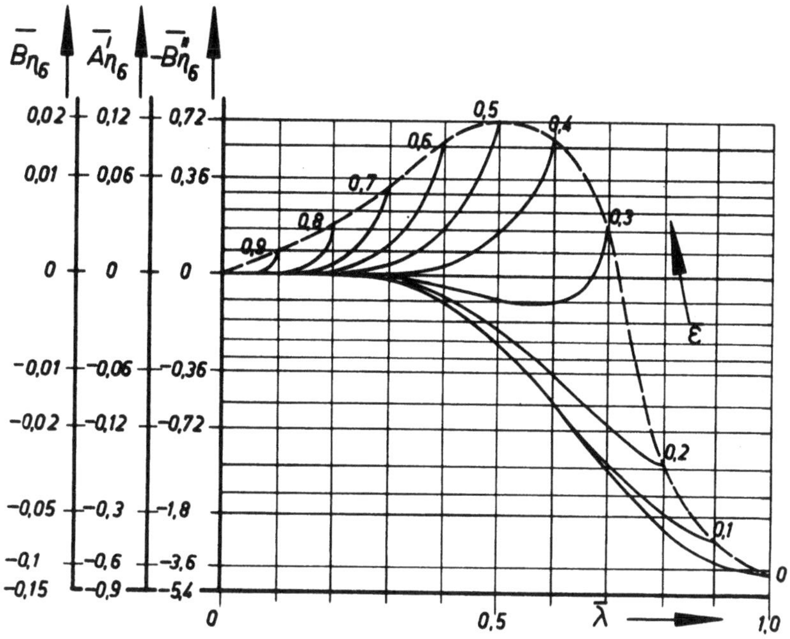

A b b i l d u n g 9f

Koppelbewegung, Fourierkoeffizienten $\bar{B}_{\eta 6}$; $\bar{A}'_{\eta 6}$; $\bar{B}''_{\eta 6}$

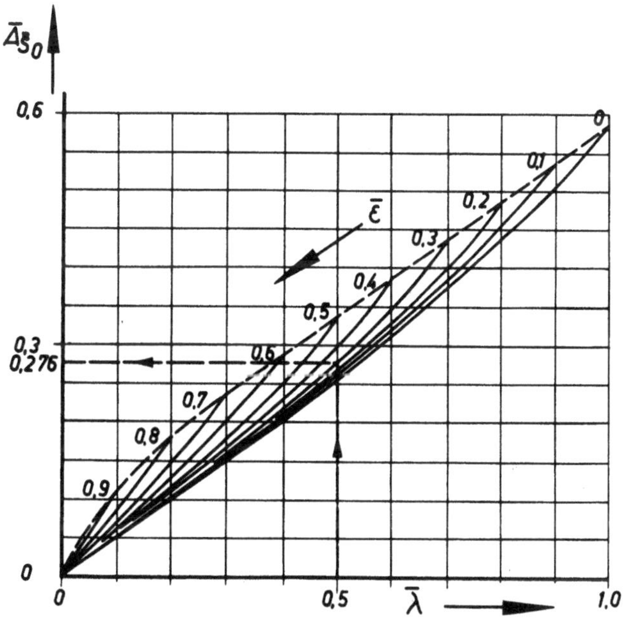

A b b i l d u n g 10a

Koppelbewegung, Fourierkoeffizienten $\bar{A}_{\xi o}$

Beispiel $\bar{\lambda} = 0,5$ und $\bar{\varepsilon} = 0,3$ liefert $\bar{A}_{\xi o} = 0,276$

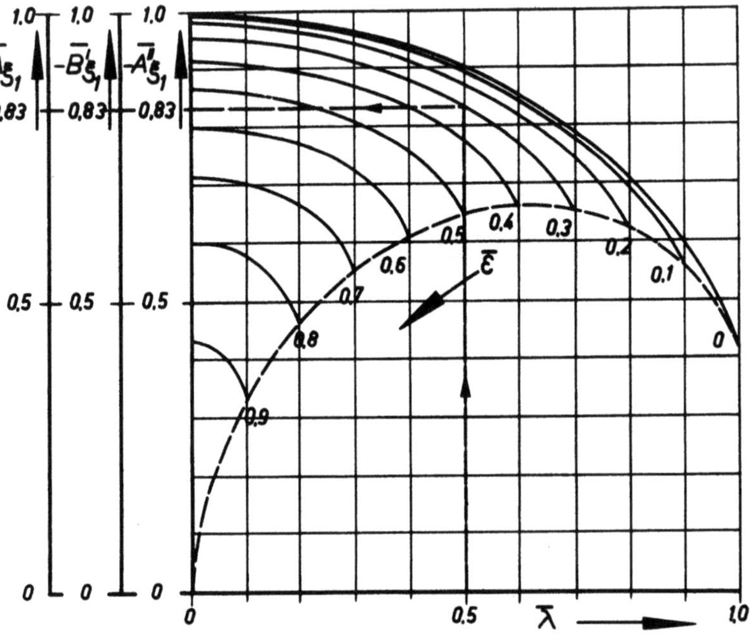

A b b i l d u n g 10b

Koppelbewegung, Fourierkoeffizienten $\bar{A}_{\xi 1}$; $\bar{B}'_{\xi 1}$; $\bar{A}''_{\xi 1}$

Beispiel: $\bar{\lambda}$ = 0,5 und $\bar{\varepsilon}$ = 0,3 liefert $\bar{A}_{\xi 1}$ = 0,83;

$\bar{B}'_{\xi 1}$ = -0,83; $\bar{A}''_{\xi 1}$ = -0,83

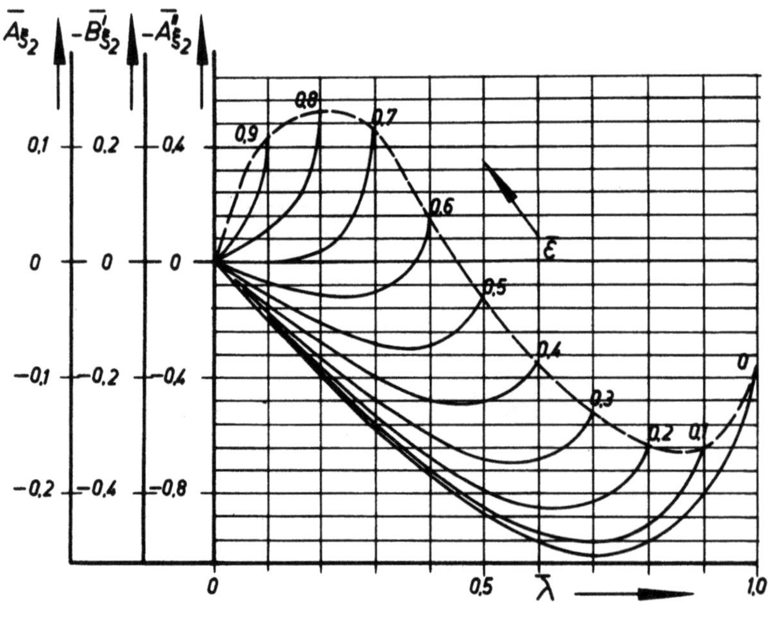

A b b i l d u n g 10c

Koppelbewegung, Fourierkoeffizienten $\bar{A}_{\xi 2}$; $\bar{B}'_{\xi 2}$; $\bar{A}''_{\xi 2}$

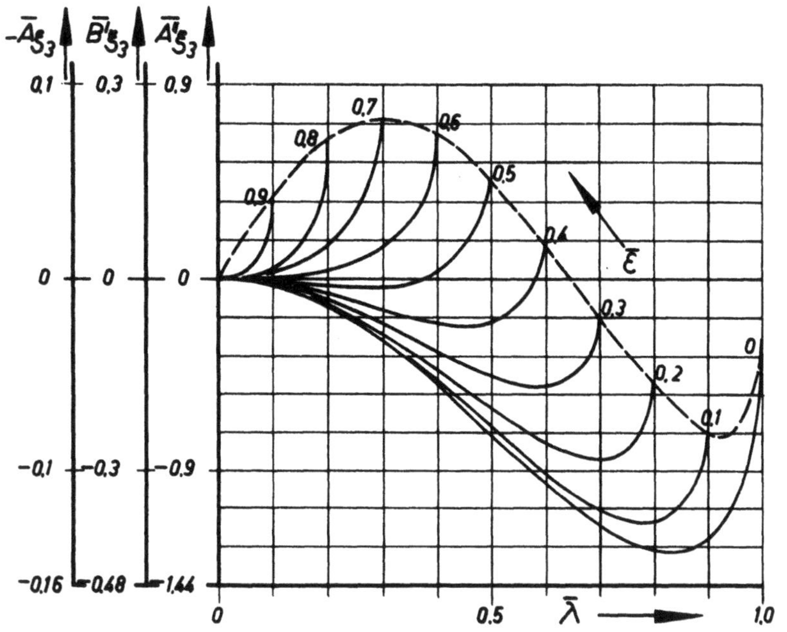

A b b i l d u n g   10d

Koppelbewegung, Fourierkoeffizienten $\bar{A}_{\xi 3}$; $\bar{B}'_{\xi 3}$; $\bar{A}''_{\xi 3}$

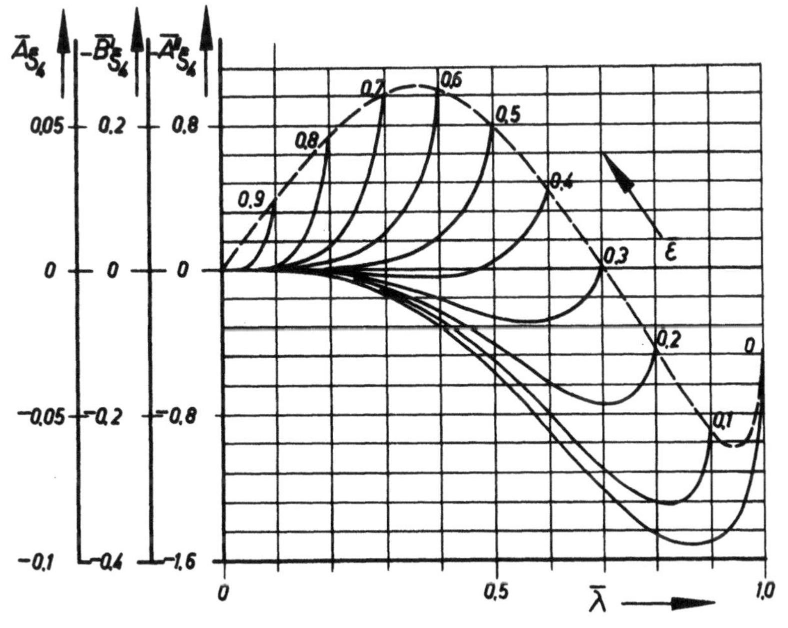

A b b i l d u n g   10e

Koppelbewegung, Fourierkoeffizienten $\bar{A}_{\xi 4}$; $\bar{B}'_{\xi 4}$; $\bar{A}''_{\xi 4}$

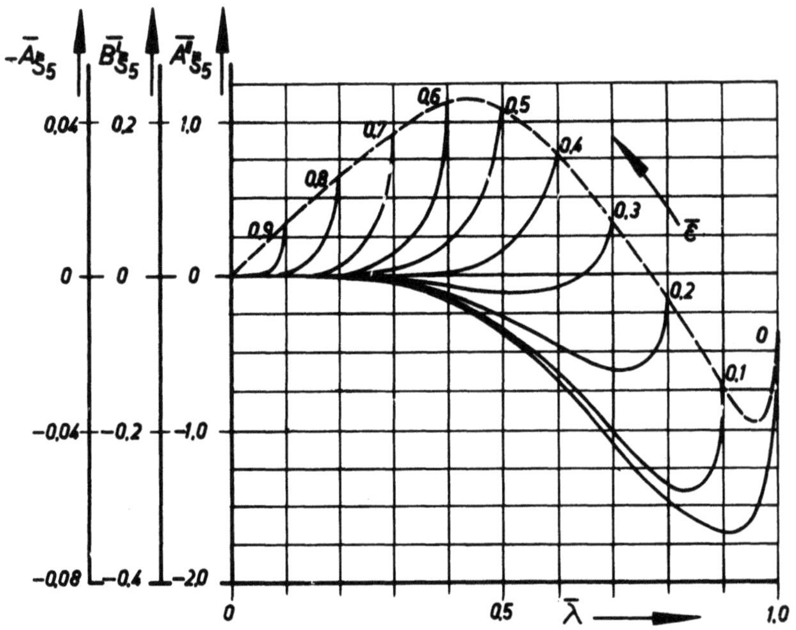

A b b i l d u n g 10f

Koppelbewegung, Fourierkoeffizienten $\bar{A}_{\xi 5}$; $\bar{B}'_{\xi 5}$; $\bar{A}''_{\xi 5}$

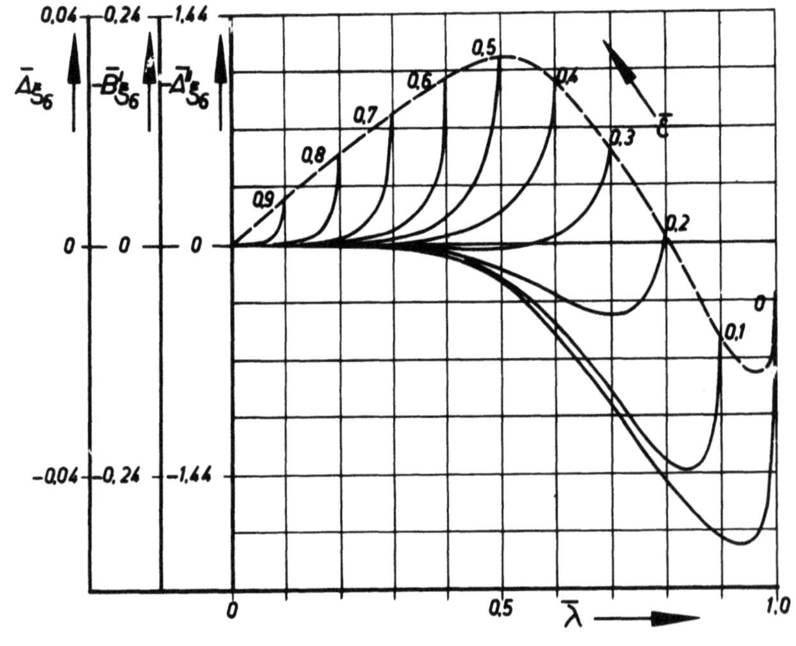

A b b i l d u n g 10g

Koppelbewegung, Fourierkoeffizienten $\bar{A}_{\xi 6}$; $\bar{B}'_{\xi 6}$; $\bar{A}''_{\xi 6}$

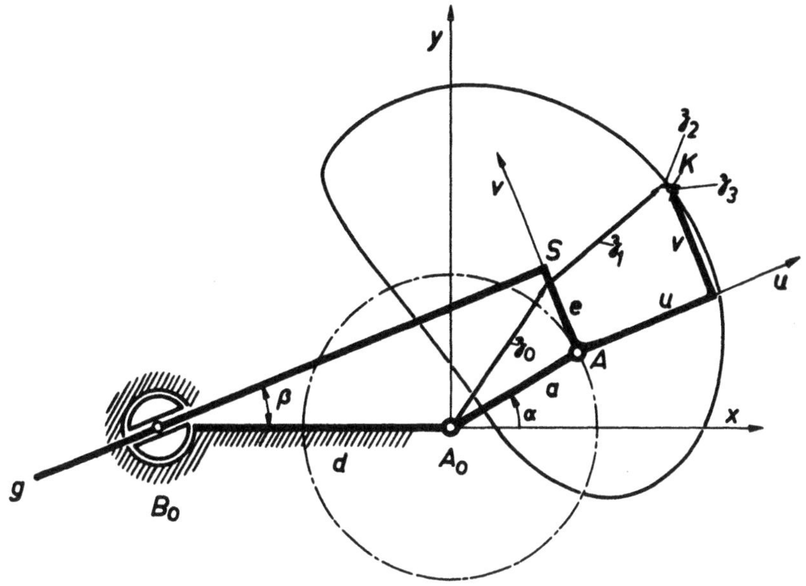

A b b i l d u n g 11
Lage des Koppelpunktes k als Summe der Vektoren der Harmonischen

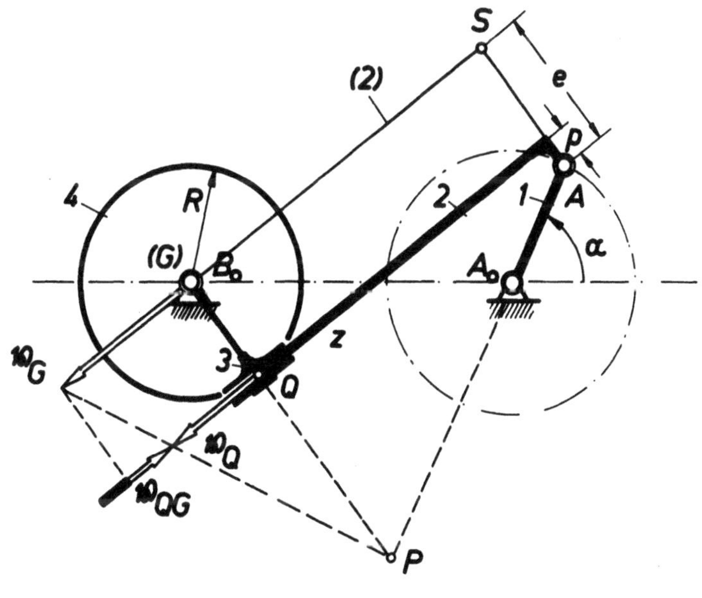

A b b i l d u n g 12
Zahnstangenkurbeltrieb

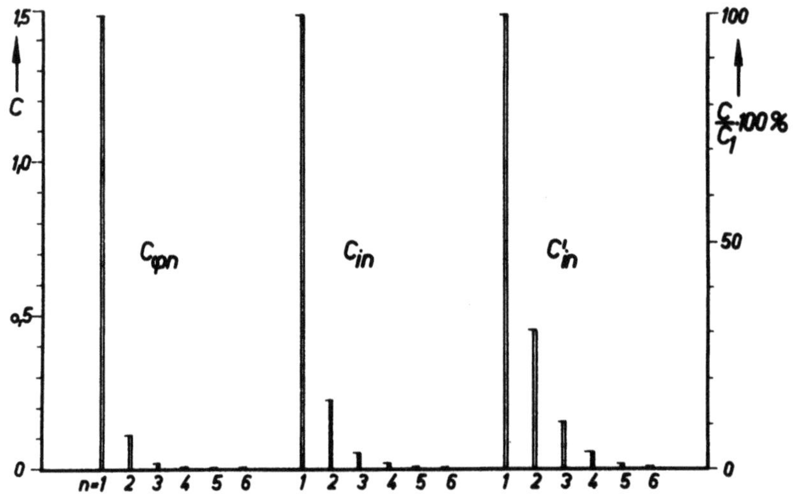

A b b i l d u n g 13

Spektrum der Harmonischen für den Zahnstangenkurbeltrieb

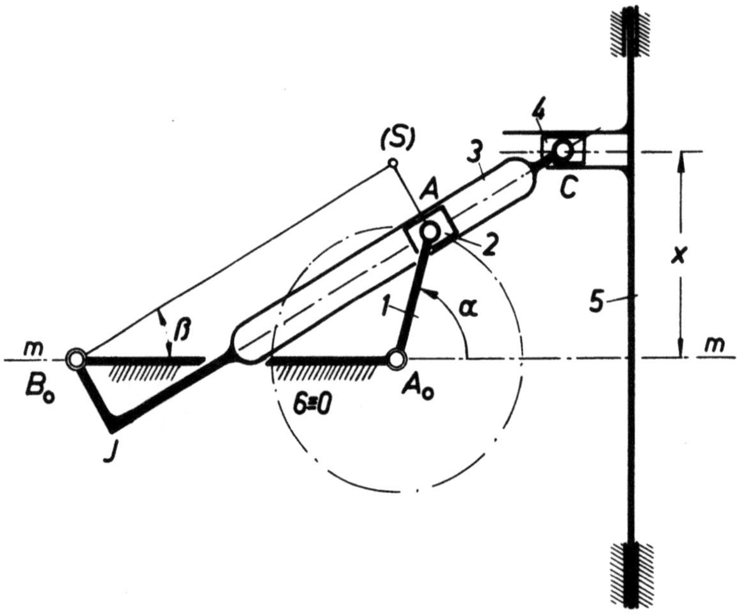

A b b i l d u n g 14

Kopplung von geschränkter Kurbelschleife und Kreuzschleife

FORSCHUNGSBERICHTE DES LANDES NORDRHEIN-WESTFALEN

Herausgegeben durch das Kultusministerium

MASCHINENBAU

HEFT 45
Lowmbausenwerk Düsseldorfer Maschinenbau AG., Düsseldorf
Untersuchungen von störenden Einflüssen auf die Lastgrenzenanzeige von Dauerschwingprüfmaschinen
1953, 36 Seiten, 11 Abb., 3 Tabellen, DM 7,25

HEFT 77
Meteor Apparatebau Paul Schmeck GmbH., Siegen
Entwicklung von Leuchtstoffröhren hoher Leistung
1954, 46 Seiten, 12 Abb., 2 Tabellen, DM 9,15

HEFT 100
Prof. Dr.-Ing. H. Opitz, Aachen
Untersuchungen von elektrischen Antrieben, Steuerungen und Regelungen an Werkzeugmaschinen
1955, 166 Seiten, 71 Abb., 3 Tabellen, DM 31,30

HEFT 136
Dipl.-Phys. P. Pilz, Remscheid
Über spezielle Probleme der Zerkleinerungstechnik von Weichstoffen
1955, 58 Seiten, 19 Abb., 2 Tabellen, DM 11,50

HEFT 147
Dr.-Ing. W. Rudisch, Unna
Untersuchung einer drehelastischen Elektromagnet-Synchronkupplung
1955, 82 Seiten, 65 Abb., DM 17,70

HEFT 183
Dr. W. Bornheim, Köln
Entwicklungsarbeiten an Flaschen- und Ampullen-Behandlungsmaschinen für die pharmazeutische Industrie
1956, 48 Seiten, 24 Abb., DM 11,70

HEFT 212
Dipl.-Ing. H. Spodig, Selm
Untersuchung zur Anwendung der Dauermagnete in der Technik *1955, 44 Seiten, 25 Abb., DM 9.80*

HEFT 295
Prof. Dr.-Ing. H. Opitz und Dipl.-Ing. H. Axer, Aachen
Untersuchung und Weiterentwicklung neuartiger elektrischer Bearbeitungsverfahren
1956, 42 Seiten, 27 Abb., DM 10,30

HEFT 298
Prof. Dr.-Ing. E. Oehler, Aachen
Untersuchung von kritischen Drehzahlen, die durch Kreiselmomente verursacht werden
1956, 50 Seiten, 35 Abb., DM 13,15

HEFT 384
Prof. Dr.-Ing. H. Opitz, Aachen
Schwingungsuntersuchungen an Werkzeugmaschinen
1958, 66 Seiten, 73 Abb., DM 20,40

HEFT 412
Prof. Dr.-Ing. H. Opitz, Aachen
Kennwerte und Leistungsbedarf für Werkzeugmaschinengetriebe
1958, 72 Seiten, 35 Abb., DM 17,20

HEFT 506
Prof. Dr.-Ing. W. Meyer zur Capellen, Aachen
Der Flächeninhalt von Koppelkurven. Ein Beitrag zu ihrem Formenwandel
1958, 74 Seiten, 26 Abb., DM 21,50

HEFT 533
Prof. Dr.-Ing. H. Opitz und Dipl.-Ing. W. Hölken, Aachen
Untersuchung von Ratterschwingungen an Drehbänken
1958, 70 Seiten, 44 Abb., 2 Tabellen, DM 19,70

HEFT 606
Oberbaurat Prof. Dr.-Ing. W. Meyer zur Capellen, Aachen
Eine Getriebegruppe mit stationärem Geschwindigkeitsverlauf
1958, 34 Seiten, 21 Abb., DM 10,50

HEFT 631
Dr. E. Wedekind, Krefeld
Der Einfluß der Automatisierung auf die Struktur der Maschinen- und Arbeiterzeiten am mehrstelligen Arbeitsplatz in der Textilindustrie
1958, 72 Seiten, 32 Abb., 8 Tabellen, DM 21,10

HEFT 667
Prof. Dr.-Ing. H. Opitz und Dipl.-Ing. H. de Jong, Aachen
Schwingungs- und Geräuschuntersuchung an ortsfesten Getrieben
1959, 32 Seiten, 28 Abb., 2 Tabellen, DM 10,30

HEFT 668
Prof. Dr.-Ing. H. Opitz, Dipl.-Ing. G. Ostermann und Dipl.-Ing. M. Gappisch, Aachen
Beobachtungen über den Verschleiß an Hartmetallwerkzeugen
1958, 38 Seiten, 26 Abb., DM 12,—

HEFT 669
Prof. Dr.-Ing. H. Opitz, Dipl.-Ing. H. Uhrmeister und Dipl.-Ing. K. Jüstel, Aachen
Aufbau und Wirkungsweise einer Magnetbandsteuerung
1958, 50 Seiten, 39 Abb., DM 15,—

HEFT 670
Prof. Dr.-Ing. H. Opitz und Dipl.-Ing. W. Backé, Aachen
Untersuchung von Kopiersteuerungen
1959, 70 Seiten, 54 Abb., DM 18,80

HEFT 671
Prof. Dr.-Ing. H. Opitz, Dr.-Ing. R. Piekenbrink und Dipl.-Ing. K. Honrath, Aachen
Untersuchungen an Werkzeugmaschinenelementen
1959, 70 Seiten, 71 Abb., DM 20,—

HEFT 672
Prof. Dr.-Ing. H. Opitz, Dipl.-Ing. H. Heiermann und Dipl.-Ing. B. Rupprecht, Aachen
Untersuchungen beim Innenrundschleifen
1959, 34 Seiten, 50 Abb., DM 11,50

HEFT 673
Prof. Dr.-Ing. H. Opitz, Dipl.-Ing. H. Obrig und Dipl.-Ing. K. Ganser, Aachen
Die Bearbeitung von Werkzeugstoffen durch funkenerosives Senken
1959, 60 Seiten, 41 Abb., 1 Tabelle, DM 18,—

HEFT 676
Prof. Dr.-Ing. W. Meyer zur Capellen, Aachen
Harmonische Analyse bei Kurbeltrieben.
I. Allgemeine Zusammenhänge
1959, 38 Seiten. 10 Abb., DM 11,50

HEFT 695
Dr.-Ing. W. Herding, München
Die Fahrdynamik und das Arbeitsspiel gleisloser Erdbaugeräte als Kalkulationsgrundlage für die Bodenförderung und ihre Kosten
in Vorbereitung

HEFT 718
Prof. Dr.-Ing. W. Meyer zur Capellen, Aachen
Die geschränkte Kurbelschleife
I. Die Bewegungsverhältnisse
1959, 110 Seiten, 54 Abb., DM 29,20

HEFT 764
Prof. Dr.-Ing. H. Opitz, Dr.-Ing. H. Siebel und Dipl.-Ing. R. Fleck, Aachen
Keramische Schneidstoffe
1959, 30 Seiten, 18 Abb., DM 9,80

HEFT 772
Prof. Dr.-Ing. W. Meyer zur Capellen
Nomogramme zur geneigten Sinuslinie
1959, 28 Seiten, 11 Abb., DM 8,50

HEFT 775
Prof. Dr.-Ing. H. Opitz
Automatische Erfassung der Maßabweichung der Werkstücke zum Zweck der selbständigen Korrektur der Maschine
1959, 38 Seiten, 27 Abb., DM 11,40

HEFT 777
Prof. Dr.-Ing. H. Opitz und Dipl.-Ing. P.-H. Brammertz, Aachen
Werkstückgüte und Fertigkeitskosten beim Innen-Feindrehen und Außenrund-Einsteckschleifen
1959, 92 Seiten, 68 Abb., DM 25,30

HEFT 788
Prof. Dr.-Ing. Herwart Opitz, Aachen
Der Einsatz radioaktiver Isotope bei Zerspannungsuntersuchungen

HEFT 794
Dipl.-Ing. Reinhard Wilken, Düsseldorf
Das Biegen von Innenborden mit Stempeln
1959, 82 Seiten, DM 22,40

HEFT 801
Baurat Dipl.-Ing. Gesell, Duisburg
Ersatz von Quarzsand als Strahlmittel

HEFT 806
Prof. Dr.-Ing. H. Opitz u. a., Aachen
Untersuchungen von Zahnradgetrieben und Zahnradbearbeitungsmaschinen

HEFT 809
Prof. Dr.-Ing. H. Opitz und Dipl.-Ing. H. H. Herold, Aachen
Untersuchung von elektro-mechanischen Schaltelementen

HEFT 810
Prof. Dr.-Ing. H. Opitz und Dr.-Ing. N. Maas, Aachen
Das dynamische Verhalten von Lastschaltgetrieben

HEFT 811
Prof. Dr.-Ing. H. Opitz, Dipl.-Ing. H. Uhrmeister, Aachen und Dipl.-Ing. H. Bürklin, Fa. Schoppe & Faeser, Minden
bearbeitet im Auftrage des Forschungsinstituts für Rationalisierung in Aachen
Über Weggeber für automatisch gesteuerte Arbeitsmaschinen
1959, 94 Seiten, 78 Abb.

HEFT 820
Prof. Dr.-Ing. H. Opitz, Dipl.-Ing. H. Rohde und Dipl.-Ing. W. König, Aachen
Untersuchungen der Spanformung durch Spanbrecher beim Drehen mit Hartmetallwerkzeugen

HEFT 830
Prof. Dr.-Ing. H. Opitz und Dipl.-Ing. W. Backé, Aachen
Automatisierung des Arbeitsablaufes in der spanabhebenden Fertigung. Untersuchung eines unstetigen Nachformsystems mit einem elektrohydraulischen Stellglied.
1959, 44 Seiten

HEFT 831
Prof. Dr.-Ing. H. Opitz, Dr.-Ing. H.-G. Rohs und Dr.-Ing. G. Stute, Aachen
Statistische Untersuchungen über die Ausnutzung von Werkzeugmaschinen in der Einzel- und Massenfertigung

Ein Gesamtverzeichnis der Forschungsberichte, die folgende Gebiete umfassen, kann bei Bedarf vom Verlag angefordert werden:

Acetylen / Schweißtechnik – Arbeitspsychologie und -wissenschaft – Bau / Steine / Erden – Bergbau – Biologie – Chemie – Eisenverarbeitende Industrie – Elektrotechnik / Optik – Fahrzeugbau / Gasmotoren – Farbe / Papier / Photographie – Fertigung – Gaswirtschaft – Hüttenwesen / Werkstoffkunde – Luftfahrt / Flugwissenschaften – Maschinenbau – Medizin / Pharmakologie / Physiologie – NE-Metalle – Physik – Schall / Ultraschall – Schiffahrt – Textiltechnik / Faserforschung / Wäschereiforschung – Turbinen – Verkehr – Wirtschaftswissenschaften.

MIX
Papier aus verantwortungsvollen Quellen
Paper from responsible sources
FSC® C105338

If you have any concerns about our products,
you can contact us on
ProductSafety@springernature.com

In case Publisher is established outside the EU,
the EU authorized representative is:
Springer Nature Customer Service Center GmbH
Europaplatz 3, 69115 Heidelberg, Germany

Printed by Libri Plureos GmbH
in Hamburg, Germany